U0335873

1. 草莓定植
2. 草莓花
3. 草莓花与果实
4. 三出复叶
5. 聚伞花序

1. 滴灌设施
2. 宽高畦栽培
3. 钢架无柱大棚栽培
4. 起垄栽培
5. 地膜覆盖栽培

1. 竹木结构大棚栽培
2. 支架立体栽培
3. 立体基质栽培
4. 土墙日光温室栽培
5. 砖墙日光温室栽培

1. 大棚覆盖遮阳网遮阴
2. 日光温室覆盖遮阳网遮阴
3. 水帘降温设施
4. 无土栽培
5. 花期放蜂授粉

# 草莓
# 优质栽培新技术

CAOMEI YOUZHI ZAIPEI XINJISHU

周瑞金　编著

中国科学技术出版社
·北 京·

图书在版编目（CIP）数据

草莓优质栽培新技术 / 周瑞金编著 . —北京：
中国科学技术出版社，2018.1
ISBN 978-7-5046-7801-0

Ⅰ.①草… Ⅱ.①周… Ⅲ.①草莓—果树园艺
Ⅳ.① S668.4

中国版本图书馆 CIP 数据核字（2017）第 276164 号

| | | |
|---|---|---|
| 策划编辑 | 张海莲　乌日娜 | |
| 责任编辑 | 张海莲　乌日娜 | |
| 装帧设计 | 中文天地 | |
| 责任校对 | 焦　宁 | |
| 责任印制 | 徐　飞 | |

| | | |
|---|---|---|
| 出　　版 | 中国科学技术出版社 | |
| 发　　行 | 中国科学技术出版社发行部 | |
| 地　　址 | 北京市海淀区中关村南大街16号 | |
| 邮　　编 | 100081 | |
| 发行电话 | 010-62173865 | |
| 传　　真 | 010-62173081 | |
| 网　　址 | http://www.cspbooks.com.cn | |

| | | |
|---|---|---|
| 开　　本 | 889mm×1194mm　1/32 | |
| 字　　数 | 103千字 | |
| 印　　张 | 4.25 | |
| 彩　　页 | 4 | |
| 版　　次 | 2018年1月第1版 | |
| 印　　次 | 2018年1月第1次印刷 | |
| 印　　刷 | 北京威远印刷有限公司 | |
| 书　　号 | ISBN 978-7-5046-7801-0 / S・696 | |
| 定　　价 | 22.00元 | |

$P$ *reface* 前 言

　　草莓鲜美可口，富含氨基酸、维生素C、鞣酸等营养保健物质，素有"水果之王"的美誉，备受消费者青睐。草莓因其品种多、周期短、结果早、见效快，逐渐成为城郊农业、观光采摘旅游业的重要组成部分，形成了如辽宁的丹东、河北的满城、山东的烟台、四川的双流、江苏的句容、浙江的建德和诸暨等聚集度明显的主产区，也形成了许多观光采摘示范区，如北京的昌平、上海的青浦和奉贤等。2015年，我国草莓栽培面积超过14.7万公顷，产量超过200万吨，草莓的年产量和栽培面积均超过了世界总量的1/3，居世界第一位。

　　但是，我国草莓生产在单位面积产量、无公害生产技术、新品种选育等方面与先进国家仍存在较大差距。为了加大草莓新品种、新技术的推广应用，提高草莓种植技术水平，获得更大的经济效益和社会效益，笔者根据多年来草莓生产的科研成果，参考和查阅了大量的相关文献资料，结合广大草莓种植者的成功经验，编写了《草莓优质栽培新技术》一书，旨在运用新技术措施，解决草莓生产中存在的问题，实现草莓优质、安全、高效生产的目的。全书内容包括：草莓栽培的生物学基础，草莓类型与优良品种，草莓繁育技术，草莓露地栽培技术，草莓设施栽培技术，草莓病虫害防治，草莓种植专家经验介绍等。全书文字通俗易懂，技术先进实用，适合广大草莓种植者及基层农业技术推广人员学习使用，也可供农业院校相关专业师生阅读参考。

　　本书所用药物及其使用剂量仅供读者参考，不可照搬。在生产中，所用药物学名、常用名和实际商品名称有差异，药物浓度也有所不同，建议读者在使用药剂之前，参阅厂家提供的产品说明，以确认药物用量、用药方法、用药时间及用药禁忌等。

由于笔者水平有限，书中难免存在疏漏和不足之处，敬请同行专家和广大读者批评指正。

编著者

# Contents 目录

# 第一章
# 草莓栽培的生物学基础

草莓（*Fragaria ananassa* Duch.）属于多年生常绿草本植物，起源于亚洲、美洲和欧洲。我国是野生草莓的发源地之一，已知的草莓属有 24 个种，其中在我国自然分布的有 13 个种，《本草纲目》中记载："就地引蔓，节节生根，每枝三叶，叶有齿刻，四、五月开花，五月结实，鲜红……"，是对有关原产我国的野生草莓的描述。

草莓果实圆形或心形，色泽鲜美红嫩，果肉多汁，酸甜可口，香味浓郁，被誉为"水果皇后"。草莓营养丰富，每 100 克果实含热量 30 大卡、蛋白质 1 克、脂肪 0.2 克、碳水化合物 7.1 克、维生素 C（抗坏血酸）47 毫克、维生素 A（胡萝卜素）30 微克、维生素 E 0.71 毫克、维生素 $B_1$（硫胺素）0.02 毫克、维生素 $B_2$（核黄素）0.03 毫克、纤维素 1.1 克、烟酸 0.3 毫克、铁 1.8 毫克、钙 18 毫克、镁 12 毫克、锌 0.14 毫克、锰 0.49 毫克、铜 0.04 毫克、磷 27 毫克、钾 131 毫克、钠 4.2 毫克、硒 0.7 微克。

## 一、草莓生长发育习性

草莓植株矮小，呈丛状生长，株高一般在 20～30 厘米。一个完整的草莓植株包括根、茎、叶、芽、花、果实等器官，其中茎包括新茎、根状茎和匍匐茎（图 1–1）。

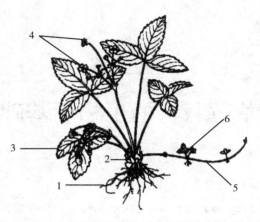

**图 1-1　草莓植株形态** （中国农业百科全
书·蔬菜卷）

1. 根　2. 短缩茎　3. 叶　4. 花和果　5. 匍匐茎
6. 子株（匍匐茎苗）

## 1. 根

草莓的根系属于须根系，主要由着生在新茎和根状茎上的不定根组成，具有固定植株、从土壤中吸收水分和养分的功能，其生长的好坏直接影响到草莓地上部生长与草莓的产量及品质。

**（1）草莓根系的组成**　草莓根系属于茎源根系，主要是由短缩茎上发生的初生根和初生根上发生的侧生根组成。一般健壮的草莓植株可发出 20～50 条初生根，多的可达 100 条以上。初生根上发生无数条侧生根。

**（2）草莓根系的分布**　草莓根系在土壤中分布较浅。在沙壤土条件下，根系主要分布在 20 厘米土层内，在该土层内输导根和吸收根均占其同类根总长度的 70%以上，在 20 厘米以下的土层，根系分布明显减少。但同一品种，在相同土壤的园地栽植，其 20 厘米以下根系减少的程度与栽植密度相关，通常密植情况下根系相对分布较深。

**（3）草莓根系的生长动态**　草莓初生根在正常条件下可保

持生长 1 年左右，条件适宜可以存活更长时间。新发的初生根为白色，以后变黄并且逐渐衰老变成褐色，最后变为黑色，直至死亡。不定根变为褐色时，仍可少量发生一些侧根，当变为黑色时不再发生侧根。多年移栽的草莓一般至第三年时，着生在衰老根状茎上的根系开始衰老死亡。由于抽生新茎的部位逐年升高，发生不定根的部位也越来越高，甚至露出地面。如果表土水分不足，将会影响新根的发生甚至引起根系死亡。在寒冷地区，覆雪不稳定的年份和不进行人工防寒的园地，往往老株容易冻死，就地扎根新形成的匍匐茎苗却能安全越冬。

成年草莓植株根系 1 年内有 2～3 次生长高峰。早春，当外界气温上升至 2℃～5℃，地表下 10 厘米地温稳定在 1℃～2℃时，根系开始萌动，根系生长比地上部生长早 10 天左右。以后随着气温的上升，地上部开始显露出花序，地下部逐渐发生新根，越冬根的延长生长逐渐停止。当地表 10 厘米处地温稳定在 13℃～15℃时，根系出现第一次生长高峰。随着植株开花和果实生长，根系生长逐渐缓慢。有些新根从顶部开始枯萎，变成褐色，甚至死亡。到 6 月上中旬，外界温度较高，日照时间长，有利于草莓营养生长，草莓腋芽处萌发大量匍匐茎，同时新茎基部产生许多新根，根系生长进入第二次生长高峰。9 月下旬至入冬前，由于叶片养分回流，营养大量储藏到根状茎中，根系生长出现第三次生长高峰。有些地区，由于 7～8 月份地温过高，不利于根系生长，所以根系生长高峰只有 4～6 月份和 9～10 月份两次。

**2. 茎**

草莓的茎根据形态和功能分为新茎、根状茎和匍匐茎 3 种。前两种茎均属于地下茎，匍匐茎是草莓沿地面延伸的一种特殊地上茎。

**（1）新茎**　草莓当年生和 1 年生的茎称为新茎。新茎呈半平卧状态，弓背形，加长生长非常缓慢，每年仅生长 0.5～2 厘米，但加粗生长比较旺盛。新茎上密集轮生具有长柄的叶片，叶腋处着生腋芽。新茎顶芽至秋季可分化成混合芽，形成第一花序。新茎下部发出不定根，翌年新茎就成为根状茎。其顶生混合芽在春天又抽出新茎，呈合轴分枝（假轴分枝）。当混合芽萌发出3～4个叶片时，即可在下一片未伸展出的叶片的托叶鞘内看到花序。

新茎腋芽具有早熟性，当年有的萌发新茎分枝，有的萌发成为匍匐茎。草莓植株萌发新茎的多少因品种而异，而同一品种随着年龄的增长，萌发新茎的数量逐渐增多，最多可达30个以上。栽植当年萌发新茎分枝的多少与栽植时期和苗木质量有关。

（2）**根状茎**　草莓多年生的短缩茎叫根状茎。新茎在生长期后期从基部发生不定根。第二年，当新茎上的叶全部枯死脱落后，成为外形似根的根状茎。因此，根状茎是一种具有节和年轮的地下茎，是储藏营养物质的器官。第三年，根状茎从下部开始逐渐向上衰亡，而内部的衰老过程则是由中心部逐渐向外衰亡，先变成褐色，后变成黑色，着生在上面的根系也随之死亡。因此，根状茎愈老，其地上部分的生长结果能力愈差。

草莓新茎上未萌发的腋芽，是根状茎的隐芽。当草莓地上部受损伤时，隐芽能发出新茎，新茎基部形成新的不定根，很快植株即可恢复生长。

（3）**匍匐茎**　匍匐茎是草莓的一种特殊地上茎，也是草莓的营养繁殖器官。茎细，节间长，由新茎腋芽萌发，萌发后先向上生长，长至约超过叶面高度时，逐渐下垂，向株丛间光照充足的地方生长。大多数品种的匍匐茎，在第二节的部位向上发生正常叶，形成叶丛，向下形成不定根，接触地面后即可扎入土中，形成一株完整的匍匐茎苗。随后在第四、第六等偶数节处陆续形成匍匐茎苗。在营养条件正常的情况下，1根匍匐茎可形成3～5株匍匐茎苗。而有些品种，如宝交早生、春香、弗杰尼亚等，除能在偶数节形成匍匐茎苗外，还可在奇数节抽生1根匍匐茎分枝，该分枝同样也能在偶数节形成匍匐茎苗，而且当年形成的健壮匍匐茎苗其新茎腋芽当年还能抽生匍匐茎，称为二次匍匐茎，二次匍匐茎上形成的健壮匍匐茎苗有的当年还能抽生三次匍匐茎。因此，草莓可以利用匍匐茎较快地获得营养繁殖苗。

草莓植株发生匍匐茎数量的多少，以及匍匐茎偶数节形成叶丛后，叶丛下部发根扎入土中能力的大小，主要与品种特性有关。在相同栽培条件下，图得拉、弗吉尼亚等品种发生匍匐茎的数量显著多于全明星等品种；红衣品种发生匍匐茎能力强，但叶丛发根入土中能力较弱。匍匐茎发生数量还与母株质量有关，脱毒原种苗繁殖匍匐茎苗的效率高于普通苗。浆果采收后是大量抽生匍匐茎的时期，而浆果采收前抽生的少量匍匐茎，多是从没有开花的株丛上抽生的。

**3. 叶**

草莓的叶属于基生三出复叶，由叶片、叶柄和托叶鞘 3 部分组成。总叶柄长 10～20 厘米。总叶柄基部有两片合成鞘状的托叶包在新茎上，称为托叶鞘。叶柄顶端着生 3 片小叶，两边小叶相对称，中间叶形状规则，呈圆形至长椭圆形。草莓叶具有常绿性。

不同时期发生的叶，受外界环境条件和植株本身营养状况的影响，其寿命长短也不一样。一般夏季发生的叶片寿命在 80～130 天；而在秋季发生的部分叶片，在适宜的环境条件下，能保持绿叶越冬，其寿命可达到 200～250 天，翌年春季生长一段时期后枯死，被早春发生的新叶所代替。多保留越冬叶片，有利于提高当年产量。

一年中叶片随着新茎的生长陆续出现，下部叶片逐渐衰老枯死。从植株中心向外数第三至第五片叶光合能力最强。第七片叶以外的叶片叶龄超过了 60 天，其光合效率明显降低，应及时摘除。草莓在开花结果期为满足植株生长需要，应维持一定数量的功能叶，同时为减少养分消耗和病害传播，应定期摘除老叶、病叶。育苗期可通过摘叶处理促进花芽分化，待花芽分化后再采取

6

相应的栽培技术措施促进叶片生长。

**4. 芽**

草莓的芽分为顶芽和腋芽。顶芽着生在新茎的顶端，向上抽生叶片和延伸新茎，当日平均温度低于20℃、日照时数小于12小时，草莓由营养生长转向生殖生长，并开始花芽分化；当日平均温度低于5℃时，花芽停止分化。腋芽着生在新茎叶腋处，具有早熟性。

**5. 花和花序**

草莓绝大多数品种的花是完全花，可自花结实。花由花柄、花托、花萼、副花萼、花瓣、雄蕊群和雌蕊群组成。花瓣白色，通常5枚，雄蕊20～35枚，雌蕊200～400枚，大量雌蕊以离生方式着生在凸起的花托上。少数品种雄蕊发育不完全，为雌性花。还有个别品种没有雄蕊为雌性花。这类不完全花的品种，只要配置授粉品种，仍可获得正常的产量。

当日平均温度达10℃以上时，草莓开始开花。单花开放时间可持续3～4天，花粉生活力也可持续3～4天，但以开花第一天花粉发芽能力最强，雌蕊在开花后8～10天具有接受花粉的能力。雌蕊柱头授粉前为绿色，授粉后粘上花粉为黄色，受精后颜色变暗。花期如遇到0℃以下低温，柱头会受损变黑，失去接受花粉的能力；如气温超过30℃，也会导致花粉发育不良。当气温高、空气相对湿度在40%左右时，花粉容易传播且发芽率高。因此，保护地栽培时应采用地膜覆盖、畦沟覆草或地膜、膜下灌溉、合理通风等措施，以降低设施内的空气湿度，同时应将设施内温度维持在20℃～35℃，有利于草莓授粉受精。

草莓花序为二歧聚伞花序或多歧聚伞花序，少数为单花序，1个花序上一般着生15～20朵花。在比较典型的聚伞花序上，通常是第一级花序的一朵中心花最先开，其次由这朵中心花的两个苞片间形成的两朵二级花序开放，依此类推。全花序的花期长达1个月左右。第一级花最大，然后依次变小。由于花序上花的级次不同，开花先后不同，因而同一花序上果实大小与成熟期也不相同。在高级次花序上，有开花不结实现象，成为无效花。无效花的多少因品种、栽培管理条件而异，通常在适宜的气候和良好的栽培管理条件下，无效花率可以大大降低。

草莓花序的高矮，因品种而异，有高于叶面、平齐于叶面和低于叶面3种类型。花序低于叶面的品种，由于受叶片的遮盖，受晚霜危害的可能性较小。花序高于叶面，易于采果。

**6. 果　实**

草莓的果实由花托膨大形成，植物学上称为假果。果实柔软多汁，栽培学上称为浆果。着生在花托上的离生雌蕊受精后形成瘦果（通称种子），着生瘦果的肉质花托，植物学上称为聚合果。肉质花托分为两部分，内部为髓，外部为皮层，有许多维管束与瘦果相连。依据瘦果嵌生于浆果表面深度的不同，分为与果面平、凸出果面和凹入果面3种类型。瘦果的嵌生深度与浆果的耐贮运能力有关，一般情况下，瘦果与果面平的品种比凹入或凸出的品种耐贮运。

果实大小与品种及着生位置有关。第一级序果最大，随着级次的增加，果实越来越小。小于5克的高级次果商品价值低，属于无效果，生产上一般不采收。不同品种的果实大小差别很大，以第一级序果为准，有的小果品种不足10克，而有的大果品种大于50克。同一品种果实大小也受其他因素影响，尤其水分不足时，大果品种也会相对变小。果实的形状因品种不同而有差异，有圆形、圆锥形和楔形等。

# 二、草莓生长发育期

草莓是多年生常绿植物，随着外界气候条件的变化，草莓植株各个器官的外部形态和内部生理都出现变化，形成草莓的生长发育期，自然状态下可将其分为开始生长期、开花结果期、旺盛

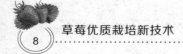
生长期、花芽分化期和休眠期 5 个时期。

**1. 开始生长期**

早春，当10厘米地温稳定在2℃以上时，草莓根系开始活动，比地上部开始生长早 10 天左右。根系开始生长是以前一年秋季长出的未老化的根继续延长生长为主，以后随着土壤温度不断升高，逐渐开始发生新根。地上部越冬的绿叶首先开始进行光合作用，随后新叶陆续出现，老叶枯死。早春清除防寒物后要及时浇水、追肥，以促进及早抽生新叶，为当年丰产打下良好的基础。

**2. 开花结果期**

春季一般在新茎展出 3 片叶，而第四片叶还未伸出时，花序在第四片叶的托叶鞘内微露，这时称为显蕾。随后花序逐渐伸出，整个花序显露。

草莓的开花期早晚与气候条件及品种有关。通常温度越高，开花越早。单花花期为 3～5 天，整个花序的花期 20 天左右。但开花期与结果期很难截然分开，有时在一个花序上第一朵花所结的果已成熟，而最末的花还正在开放。在此物候期也开始少量抽生匍匐茎。由开花至果实成熟大约需要 1 个月。由于花期长，果实成熟期也长，采收期可持续约 20 天。

**3. 旺盛生长期**

浆果采收后至匍匐茎、新茎大量发生为旺盛生长期。浆果采收后，在长日照和高温条件下，植株开始大量发出匍匐茎。随后腋芽发出新茎，新茎基部又相继长出新的根系。匍匐茎和新茎的大量产生，匍匐茎偶数节上形成新的幼株，为分株繁殖和花芽分化奠定了基础。

**4. 花芽分化期**

一般草莓经过旺盛生长期之后，新茎顶芽开始形成，花芽分化开始。草莓的花芽分化是在较低的温度（气温 17℃以下）和短日照（12 小时以下）条件下开始的。一般品种花芽分化多在

8～9月份或更晚开始。对于形成花芽，低温比短日照更为重要。温度在9℃时，花芽分化与日照长短关系不大。短日照条件下，17℃～24℃的温度也能进行花芽分化，高于30℃或低于5℃，花芽分化则停止。在夏季高温和长日照条件下，只有四季草莓能分化花芽，四季草莓在秋季分化的花芽，翌年5～6月份开花结果；而在夏季分化的花芽，当年秋季即可开花结果。施用氮肥过多，营养生长势强、植株徒长、植株叶数过多和叶数不足都不利于花芽分化。

### 5.休眠期

晚秋初冬以后，气温降低，日照变短，草莓的生长发育逐渐减弱，直至相对停止，进入自然休眠期。此期植株表现为叶柄短、叶片少、叶面积小，叶片发生的角度由原来的直立、斜生变为与地面平行，呈匍匐生长，全株矮化呈莲座状，生长极其缓慢。此时给予植株适合生长的条件也不能正常生长结果。要打破自然休眠必须让草莓在低温下生长一段时间，满足其对低温的需求量。通过休眠所需要的一定量的低温积累称为低温需冷量，草莓植株在低于5℃条件下达到需冷量的时间称为休眠时间。不同品种休眠时间不同。休眠时间少于200小时的品种称为浅休眠品种，如丰香、枥乙女；休眠时间在1000小时以上的品种称为深休眠品种，如北辉（表1-1）。在草莓栽培中，可根据休眠期的深浅采取不同的栽培方式，对于休眠浅的品种可以进行促成栽培，对于中等休眠的品种可以进行半促成栽培。

表1-1　我国草莓主要品种的需冷量

| 休眠程度 | 品　种 | 需冷量（小时） |
|---|---|---|
| 浅 | 春香、秋香、石莓2号 | 84 |
| | 明宝、丰香 | 87 |
| | 丽红、静香 | 96 |

续表 1-1

| 休眠程度 | 品　种 | 需冷量（小时） |
|---|---|---|
| 中　等 | 长虹 2 号 | 252 |
| | 明磊、丽宝 | 336 |
| | 明晶、新明星、戈雷拉 | 420 |
| | 石莓 1 号、红手套 | 504 |
| | 宝交早生 | 536 |
| 深 | 安特拉斯、科莱沃 | 588 |
| | 哈尼、全明星 | 640 |

（葛会波等）

# 三、草莓生长发育对环境条件的要求

## 1. 温　度

草莓对温度适应性强，喜温凉气候。但不同品种、不同植株的不同部位及不同生长发育期对温度的要求也不同。植株生长最适温度为 18℃～23℃，春季气温达 5℃时，植株开始萌芽生长，此时抗寒能力较低，如遇 -7℃低温植株将会发生冻害，-10℃低温植株将会死亡。一般在早春，晚熟品种比早熟品种耐寒性强，而在初冬，早熟品种比晚熟品种耐寒性强。

根系在土壤温度达 2℃时开始活动，10℃时生长开始活跃，发出新根，生长最适温度为 15℃～22℃。当土壤温度达 30℃～35℃时，根系生长受到抑制。土壤温度升至 38℃时，侧根变褐，主根从先端开始坏死，4 天后根系变黑，地上部逐渐枯死。因此，在盛夏炎热地区，可通过覆草、遮阴、适当灌溉等方式进行保护植株，使其安全越夏。秋季当土壤温度降至 7℃～8℃时，根系生长缓慢。冬季土壤温度降至 -8℃时，根系容易发生冻害，-12℃时冻死。因此，在冬季寒冷地区，应采取覆盖等措施保护植株，使其安全越冬。

草莓地上部茎叶生长最适温度为 20℃～26℃，夏季温度超过 30℃时，植株生长受抑制。花芽分化最适温度为 5℃～25℃，低于 5℃或超过 25℃花芽分化均受抑制。花芽分化也与光照密切相关，低温（日平均温度 15℃）和短日照（8～10 小时）有利于花芽分化。花期最适温度为 20℃～25℃，温度低于 0℃或高于 40℃时阻碍授粉受精和种子形成，导致畸形果。花期和结果期最低温度不能低于 5℃。果实膨大前期白天最适温度为 25℃～28℃，夜间为 8℃～10℃；后期白天最适温度为 22℃～25℃，夜间为 5℃～8℃。当温度低于 5℃时，草莓进入休眠；高于 30℃，将影响植株正常生长。因此，生产中要注意防止高温伤害，高温季节可通过遮阴、断根、去叶片等措施促进草莓花芽分化。秋季经过抗寒锻炼的植株，花芽可耐受 –10℃～–15℃低温。

　　**2. 光　照**

　　草莓喜光，但又有较强的耐阴性，其光饱和点为 $2 \times 10^4$～$3 \times 10^4$ 勒，果实发育期光补偿点为 500～1 000 勒。光照充足时，植株矮壮、果小、色深、品质好。中等光照时，果大、色淡、含糖量低、采收期较长。光照不足时，植株生长弱，叶柄和花序梗细弱，花芽分化不良，果小、色浅、成熟慢、品质差。秋季光照不足将会影响花芽分化，并使根状茎储藏养分减少，越冬抗寒能力降低，容易引起越冬死亡。但如果光照过强，也会抑制草莓根状茎的生长。

　　不同品种、不同生长发育时期对光照条件的要求不同。一般品种在开花结果期和旺盛生长期适宜长日照条件，要求光照 12～15 小时；花芽分化期适宜短日照和较低温度条件，要求光照 10～12 小时，当日照超过 16 小时时，草莓营养生长旺盛，不能形成花芽甚至不能开花结果。花芽分化前经短日照处理，花芽分化后经长日照处理，能促进花芽发育和开花。匍匐茎形成需要长日照和较高的温度条件，低温短日照条件下不能形成匍匐茎。新茎则是在日照过短不能形成匍匐茎或日照过长不能形成花芽时形成的。

### 3. 水　分

草莓不耐旱，对水分需求量较大，因为草莓根系分布浅、叶片蒸腾量大，整个生长期几乎都在进行老叶死亡、新叶发生的过程，叶片在不断更新，果实采收后又开始抽生匍匐茎和新茎。因此，在整个生长期都需要充足的水分供应。如果苗期缺水，将阻碍茎、叶的正常生长；结果期缺水，将影响果实膨大，降低果实品质。不同生长期对水分要求不同，早春和开花期土壤相对含水量应在70%以上，此时缺水将影响花朵的开放和授粉受精过程，严重干旱还会导致花朵枯萎。果实膨大期需水量较大，土壤相对含水量应在80%，此时缺水果实小，品质差。果实成熟期应适当控水，保持土壤相对含水量在70%为宜，以利于果实着色，提高品质。采收之后，抽生匍匐茎和不定根，土壤相对含水量应不低于70%。花芽分化期适当控水，土壤相对含水量保持在60%。草莓对空气湿度也有严格要求，一般要求空气相对湿度在80%以下，尤其是开花期空气湿度不能过大，否则影响花药开裂和授粉受精，生长期间湿度过大容易感染病害。

草莓也不耐涝。土壤水分过多或积水，根系呼吸受阻，影响根系和植株生长，严重时，叶片失绿变黄、萎蔫、脱落，甚至整个植株死亡。土壤水分过多时，植株抗病性降低，病害严重，品质降低，烂果率增高。因此，雨季要注意排水，适当中耕。

### 4. 土　壤

草莓适应性较强，可以在各种土壤中生长，但最适宜生长在肥沃、疏松、透水、透气性良好的土壤中。由于草莓属于浅根性植物，80%以上的根系集中分布在地表20厘米以内，所以地下水位不应高于80～100厘米。沙质土壤保水保肥能力差，种植草莓前要进行土壤改良，增施有机肥，生长期勤浇水。黏壤土保水保肥性强，但土壤通气性差，根系呼吸作用和其他生理活动受抑制，易发生根腐烂现象，果实味淡、易感病、不耐贮运。沼泽地、盐碱地、石灰土、黏重土等不适宜种植草莓。

　　草莓适宜在土壤pH值5.5～6.5的中性或微酸性壤土中生长，当pH值低于4或高于8时，草莓会出现生长发育障碍。

　　草莓植株生长对土壤营养元素有一定的要求，据日本宫本重信研究，每公顷草莓产量为45 000千克时，需氮195千克、磷75千克、钾225千克。不同发育时期对各营养元素需求量不同。氮可促进新茎生长和叶柄加粗，增大叶面积，增加叶绿素含量，提高光合效率，还可促进花芽分化，提高坐果率。如果氮过量，植株容易徒长、萼片和新叶尖端及叶边缘焦枯，严重时还可引起氨气中毒或亚硝酸盐中毒。

　　花芽分化期、开花坐果期增施磷、钾肥，能促进花芽分化，增加产量，提高品质，特别是春季增施磷、钾肥，可增大果个，增加果实香气和风味。当土壤缺磷时，成年草莓植株的幼龄叶片生长受阻，颜色呈淡绿色至黄色；成熟叶片呈锯齿状，颜色呈红色；较老叶片变为黄色，局部出现坏死。当土壤缺钾时，草莓叶片中脉周围呈青绿色，叶缘呈灼伤或坏死状，叶柄坏死。

# 第二章
# 草莓类型与优良品种

## 一、浅休眠草莓优良品种

### 1. 丰 香

日本品种，亲本为绯香×春香。果实较大，第一、第二级序果平均单果重15克，最大果重可达35克。果实大小整齐，圆锥形，果面红色，有光泽，外观美。种子红色、黄绿色兼有，分布均匀，微凹入果面。萼片较大，容易去除。果肉白色，髓心实或稍空，质密，汁多，风味酸甜适中，有芳香味，品质优。每100克果肉含可溶性固形物含量10%、可溶性总糖含量8.7%、有机酸含量0.8%、维生素C含量68.76毫克。果实硬度中等，较耐贮运。果实主要用于鲜食。

植株生长势强，株型较开张。三出复叶，叶片较大，中间小叶近圆形，叶片深绿色，有光泽，较厚，叶片边缘向上内卷，略呈匙形，茸毛少，缺刻较深。单株花序2～3个，单花序着生花9～12朵，花序较直立，花序梗中等粗，二歧分枝，低于或平于叶面。两性花，白色，花粉量大，花托较大。匍匐茎繁殖能力中上等。花期容易受低温危害，抗病力中等，易感染白粉病，抗黄萎病能力中等。

早熟品种，休眠浅，低温需冷量50～70小时，适宜日光温室促成栽培。长江流域促成栽培10月份定植，元旦前可采收上市。北方地区促成栽培果实可在12月份采收上市，每667米<sup>2</sup>产量2000~3000千克。

**2. 幸 香**

日本品种，亲本为丰香×爱莓。第一级序果平均单果重20克，最大单果重49克。果实长圆锥形，果形比丰香整齐，畸形果少。果面深红色，有光泽。种子红色、黄绿色兼有，分布均匀，密度中等，凹入果面。萼片双层，平贴于果实，去萼容易。果肉致密细腻，浅红色，味香甜。可溶性固形物含量10.4%。浆果硬度大于丰香，适于完熟期采收，耐贮运，商品率高。

植株半直立，株型紧凑，生长健壮，长势旺。三出复叶，叶片较小，中间小叶长圆形，浅绿色，质地软，光泽差，叶缘上卷，略呈匙状。新茎分枝多，单株抽生花序多，花序分枝较高，低于或平于叶面。两性花，单层花瓣，白色，花冠小。授粉能力强，不抗白粉病，较抗叶斑病。

早熟品种，休眠浅，低温需冷量约150小时，适宜促成和半促成栽培。丰产性好，每667米<sup>2</sup>栽植10000~12000株为宜，产量2000千克以上。

**3. 枥 乙 女**

日本品种，亲本为久留米49号×枥峰。果实较大，第一级序果平均单果重23.5克，最大果重80克。果实圆锥形、略长，果形整齐。果面红色，有光泽。种子黄绿色，分布密度中等，平或微凸出果面。萼片翻卷，黄绿色。果肉淡红色，果心深红，无空洞，口感细腻香甜，基本无酸味，每100克果肉含可溶性固形物9.1%、维生素C 73.91毫克，品质优。果实硬度大，耐贮运。

植型直立、紧凑，生长势旺。三出复叶，中间小叶近圆形，叶片深绿色、大而厚，叶面平展。花序直立，低于叶面，花序梗较粗。两性花，花冠大，花托大。匍匐茎抽生快，繁殖能力强。抗旱、耐高温，较丰香、幸香抗白粉病、灰霉病，较抗叶斑病。

早熟品种，休眠浅，适宜促成栽培。每667米<sup>2</sup>栽植8000~

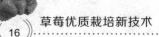

10 000 株为宜，产量 3 000 千克以上。

### 4. 章 姬

日本品种，亲本为久能早生×女峰。第一级序果平均单果重 19 克，果实长纺锤形，果形整齐。果面色泽艳红，有光泽，五棱沟。种子红色、黄绿色兼有，分布均匀，密度中等，凹入果面。萼片大，双层，平贴于果实，容易去除。果肉淡红色，髓心充实，粉白色。果肉细腻，柔软多汁，每 100 克果肉含可溶性固形物 10.2%、可溶性总糖 6.2%。较耐贮运。

植株高大，株型直立。叶片较大，中间小叶近圆形。单株抽生花序 2～3 个，斜生，低于叶片，花序分枝较高，二歧分枝。两性花，白色，花瓣单层。匍匐茎抽生能力强。对白粉病、灰霉病的抗性强于丰香，较抗叶斑病。

早熟品种，休眠浅，低温需冷量 40～50 小时，适宜大棚促成栽培。丰产性好，每 667 米$^2$ 产量 1 500 千克以上。

### 5. 红 颊

又称红颜，日本品种，亲本为章姬×幸香。果实长圆锥形，第一、第二级果序平均单果重 20.1 克，最大果重 58.3 克。果面和果肉均呈鲜红色，着色一致，外形美观，富有光泽，畸形果少，香味浓，酸甜适口。可溶性固形物含量 11.8%。果实硬度适中，耐贮运。

株型大，生长势强。三出复叶，中间小叶椭圆形，深绿色。单株抽生花序 2～4 个，单花序着花 5～9 朵，花茎粗壮直立，低于叶面。匍匐茎抽生能力强，能二次抽生，无分枝。耐低温能力强，但耐热、耐湿能力较弱，抗白粉病。

早熟品种，休眠浅，适宜保护地促成栽培。丰产性好，连续结果性强，每 667 米$^2$ 产量 1 800 千克左右。

### 6. 佐贺清香

日本品种，亲本为大锦×丰香。果实圆锥形，整齐度好，第一级序果平均单果重 25.4 克。种子红色、黄色、绿色兼有，较小，凹入果面。萼片单层，较大，平贴于果面，较易去除。果实鲜红色，有光泽，果肉白色，髓心小，无空洞，肉细，汁液多，香味浓，可溶性固形物含量10.2%。硬度大，耐贮运，货架期长。

植株直立，生长势强。三出复叶，中间小叶扇形，叶片大，黄绿色，光滑，质地软。新茎分枝较稀，单株抽生花序1～2个，单花序着花6～16朵，花序较直立，低于叶面，叶片与花序分离明显，果实受光好。两性花，白色。匍匐茎抽生能力强，能二次抽生，无分枝。

早熟品种，休眠浅，适宜北方温室促成、半促成栽培，也适宜南方拱棚和露地栽培。丰产性中等，每667米$^2$产量2 000千克以上。

### 7. 鬼 怒 甘

日本品种。果实较大，第一级序果平均单果重25克，最大果重60克。果实短圆锥形。果面橙红色，平整，很少有棱沟，种子黄绿色，分布均匀，凹入果面。果肉淡红色，髓心浅红色，口感香甜，汁液中等。可溶性固形物含量9.7%。果实较硬，耐贮运。

植株长势健壮，株型直立。三出复叶，中间叶片长椭圆形，浓绿色，新生叶窄，叶缘扭曲，成熟叶片较大而稀，叶片较厚，叶面平展光滑，质地较软，茸毛较多，叶缘锯齿较深。单株抽生4个花序，单花序着花6～12朵，花序直立，高于叶面，着生较多茸毛，二歧分枝。两性花，白色。匍匐茎抽生能力强，繁殖能力强，耐高温，抗白粉病中等，易感蛇眼病。

早熟品种，休眠浅，适宜促成栽培。丰产性好，连续结果能力强，每667米$^2$产量3 000～4 000千克。

### 8. 图 得 拉

又名吐德拉、图德拉、土特拉、米塞尔，西班牙品种，亲本为派克×长乐。大果率高，第一级序果平均单果重30克，最大果重100克。果实长圆锥形，大小均匀。果面深红色，有光泽，种子陷于果面内。果肉质地细致，甜酸适口，可溶性固形物含量7%～9%。果实硬度大，抗压性强，耐贮运。

植株健壮，花序抽生能力强，可连续结果。丰产性好，能多次抽生花序，耐盐碱，抗病性强。

早熟品种，适宜北方促成、半促成栽培及南北方露地栽培，每667米$^2$定植9 000～11 000株为宜，产量2 000千克以上。北方设施栽培和南方露地栽培采收期可持续4～5个月。

### 9. 甜查理

美国品种。果实圆锥形，整齐。果实较大，第一级序果平均单果重31.5克。成熟时果面鲜红色，有光泽，果面平整，种子黄绿色，较稀，稍凹陷于果面。萼片单层，较小，平贴或翻卷，萼下着色好。果肉橙红色，髓心较小，稍空。果肉甜脆爽口，香气浓，品质佳。可溶性固形物含量9.1%。浆果硬度大，抗压力较强，耐贮运。

植株长势强，较直立。三出复叶，中间小叶近圆形，叶片较大，叶片深绿色，叶缘锯齿较深、尖。单株抽生花序2～7个，单花序着花5～10朵，花序较直立，低于叶面，分枝低，二歧分枝。两性花，白色，单层花瓣。匍匐茎较多。抗灰霉病、白粉病和炭疽病，但对根腐病敏感。

早熟品种，休眠浅，适宜促成栽培。丰产性好，每667米$^2$栽植8 000～10 000株，产量3 500千克以上。

### 10. 书 香

北京市农林科学院林业果树研究所培育，亲本为女峰×达赛莱克。果实圆锥形或楔形，深红色，有光泽，果面平整。第一、第二级序果平均单果重24.7克，最大果重76克。种子黄色、绿色、红色兼有，分布均匀，中等密度，平于果面。花萼单层、双层兼有，主贴副离。果肉红色，风味酸甜，有茉莉香味。每100克果肉含可溶性固形物10.9%、可溶性总糖5.6%、有机酸0.5%、维生素C 49.2毫克。果实硬度较大，耐贮运。

植株直立，生长势较强。三出复叶，中间小叶椭圆形，绿色，叶片厚度中等，叶面质地粗糙，有光泽，叶面平，叶尖向下，叶缘锯齿尖。两性花，白色。单株抽生花序 3～6 个，单花序着花 5～7 朵，花序低于叶面，花序分枝低。匍匐茎抽生能力强。抗性强。

早熟品种，休眠浅，适宜保护地促成栽培。丰产性好，每 667 米$^2$产量 1 500 千克以上。

### 11. 秀 丽

沈阳农业大学选育，亲本为吐德拉×栃乙女。第一级序果为圆锥形或楔形，第二、第三级序果为圆锥形或长圆锥形，第一、第二级序果平均单果重 27 克，最大果重 38 克。果面红色，有光泽。种子黄绿色，分布均匀，中等密度，平于或微凸于果面。萼片单层，反卷。果肉红色，髓心白色，无空洞。果实汁液多，酸甜，有香味。每 100 克果肉含可溶性固形物 10%、可溶性总糖 7.7%、有机酸 0.8%、维生素 C 64 毫克。

植株开张，生长势强。叶片圆形，大而厚，深绿色，叶面质地光滑。花序较长，平于或高于叶面。两性花，白色。抗白粉病能力中等，较抗炭疽病和土传病害及叶部病害。

早熟品种，休眠浅，适宜日光温室促成栽培。丰产性好，每 667 米$^2$产量 2 000 千克以上。

### 12. 晶 瑶

湖北省农业科学院经济作物研究所选育。果实呈略长圆锥形，无裂果，果个大，第一、第二级序果平均单果重 25.9 克，最大果重 100 克。果面鲜红色，平整有光泽。种子黄绿色、红色兼有，分布均匀，稍凹入果面。果肉鲜红，髓心小，白色至橙红色，果肉细腻，香味浓。可溶性固形物含量 12.8%。果实硬度较大，耐贮运。

植株生长势强，株型高大。三出复叶，中间小叶长椭圆形，嫩绿色，叶面光滑，质地硬，有茸毛。单株抽生花序 3～5 个，

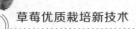
单花序着花8～10朵，花序直立、平于或低于叶面，二歧分枝。两性花，白色，花粉量大。匍匐茎发生能力强。抗白粉病能力强于丰香，不抗灰霉病、叶斑病和蚜虫。

早熟品种，休眠浅，适合保护地促成栽培。丰产性好，每667米²产量2 000千克以上。

### 13. 久　香

上海市农业科学院林木果树研究所选育。果实圆锥形，果个均匀，果面橙红色，有光泽，果面平整，果个大，第一、第二级序果平均单果重21.6克，最大果重79克。种子微凹入果面。花萼较大，双层，主萼平，副萼翻卷，萼先端缺刻，萼片容易去除。果肉红色，髓心大，无空洞，果肉细，汁液多，酸甜。设施栽培条件下，果实可溶性固形物含量10.8%；露地栽培条件下，果实可溶性固形物含量8.6%。果实硬度大，耐贮运。

适于长江流域和冬暖草莓产区栽培，露地和设施栽培均可。高产、稳产，每667米²产量3 000千克以上。

### 14. 宁　玉

江苏省农业科学院园艺研究所选育。果实圆锥形，大小整齐一致，第一、第二级序果平均单果重24.5克，最大果重52.9克。果面红色有光泽，种子分布均匀，较稀。果肉橙红色，风味香甜浓郁，可溶性固形物含量10.7%。果实硬度大，耐贮运。

植株半直立，长势强。叶片绿色，椭圆形，叶面粗糙。雄蕊平于雌蕊，花粉发芽率高，授粉均匀，畸形果少。匍匐茎抽生能力强。耐热、耐寒性强，抗白粉病，较抗炭疽病。

适宜保护地促成栽培，丰产性好。在我国南北方均可栽培。

## 二、中深休眠草莓优良品种

### 1. 宝交早生

日本品种。果实中等大小，第一、第二级序果单果重10～

14.9 克，最大果重 24 克，但果实整齐度较差。果实圆锥形，果面鲜红色，有光泽，有少量浅棱沟，果尖部位着色差，常为黄绿色。种子分布均匀，中等密度，凹陷于果面。萼片中等大，单层，平展，较难去除。果肉白色，质地细腻，髓心中等大，风味甜酸，汁液多，硬度差，不耐贮运，露地草莓采收季节在常温下放置 1 天即变色、变质。

植株生长势中等，株形开展。不耐热，抗白粉病、轮斑病，对炭疽病和灰霉病抗性差。

休眠中等深，低温需冷量 750～1 200 小时，适合多种栽培形式，丰产性能好，每 667 米$^2$定植 8 000～9 000 株。

**2. 全明星**

又名群星，美国品种。果实圆锥形至短圆锥形、较大，第一、第二级序果平均单果重 21 克，最大果重 45 克。果面鲜红色，有光泽，较平整，少有棱沟，无裂果。种子红色、黄色、绿色兼有，分布均匀，中等密度，稍凹入果面。萼片中等大，单层，翻卷或平贴，去萼较难。果肉淡红色，髓心小，肉质细腻，风味甜酸，可溶性固形物含量 7.8%。果实硬度大，果皮韧性强，不易破损变形和腐烂，耐贮运，常温下可贮藏 3～5 天。适于鲜食和加工。

植株生长健壮，株形半开张。三出复叶，中间小叶椭圆形，叶片较厚，深绿色，叶面革质光滑，质地较硬。单株抽生花序 2～4 个，花序斜生，低于叶面，分枝较高，二歧分枝。两性花，白色。匍匐茎繁殖能力强。

中晚熟品种，低温需冷量 500～600 小时，适宜露地和半促成栽培。丰产性好，保护地每 667 米$^2$产量 2 000～3 500 千克。抗性强，适栽范围广，耐高温高湿，较抗枯萎病、白粉病、红中柱病和黄萎病。

**3. 达赛莱克特**

法国品种，亲本为派克×爱尔桑塔。果实长圆锥形，果形周

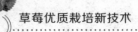

正整齐、较大，第一级序果单果重25～35克，最大果重65克。果面深红色，有光泽。种子红色、黄色、绿色兼有，较多，凹入果面较深。萼片单层，萼片下着色好，去萼容易。果肉全红，酸甜适度，香味浓，可溶性固形物含量8.5%。质地硬，耐贮运。适于鲜食和加工。

植株生长势强，株型较直立。三出复叶，中间小叶椭圆形，叶绿色，厚而有光泽，革质粗糙。单株抽生花序1～5个，单花序着花5～11朵，花序斜生，低于或平于叶面，分枝高，二歧分枝。两性花，白色。匍匐茎抽生能力强。抗病性和抗寒性较强。

中早熟品种，休眠期较长，低温需冷量500小时左右，适宜露地和半促成栽培。丰产性好，连续结果能力强，保护地每667米²产量约3 500千克。

### 4. 草莓王子

荷兰品种，是欧洲主要的鲜食主栽品种。果实较大，第一级序果平均单果重42克，最大果重107克，果实圆锥形。果面红色，有光泽。果肉香甜，口感好。果实硬度大，耐贮运。植株大，生长势强壮，匍匐茎抽生能力强，喜冷凉湿润气候。

中熟品种，适合我国北方保护地和露地栽培，产量高，保护地栽培每667米²产量3 500千克左右。

### 5. 红玫瑰

荷兰品种，属欧洲系浓香型品种。第一级序果平均单果重13克，果实圆锥形。果面橘红色至鲜红色，有光泽，果肉有浓郁的芳香味，口感好。果实硬度中等。

植株生长势强，匍匐茎发生能力强，抗病性强，尤其对多种土传性病害有较强的抗性。中熟品种，适宜露地栽培和保护地半促成栽培，丰产性好。

### 6. 童子1号

美国品种。果实长圆锥形，果面光滑平整，鲜红色，有蜡质光泽，果肉红色，风味甜酸，质地细腻。果实硬度大，耐贮运。

植株生长势健壮，株型半开张，匍匐茎抽生能力强。抗白粉病和灰霉病。适宜露地和温室栽培，每 667 米$^2$ 栽植 10 000～11 000 株。

**7. 星都 2 号**

北京市林业果树研究所育成，亲本为全明星×丰香。第一、第二级序果平均单果重 27 克，最大果重 59 克，果实圆锥形。果面红色有光泽，外观较好。种子分布密，平于或微凸于果面。萼片单层、双层兼有，平贴或主贴副离，全缘。果肉红色，风味甜酸适中，香味浓。果实硬度大，耐贮运。

植株生长势强，株型较直立。抗病性强，无特殊敏感性病虫害。适于露地栽培和保护地栽培。

**8. 明　磊**

沈阳农业大学选育。平均单果重 21 克，果实圆锥形，先端钝，稍扁，有浅棱。果面橙红色，有光泽。种子平于果面。果肉橘红色，肉质细腻，风味甜，汁液多，有香味。果实硬度大，耐贮运。

植株生长势较强，株冠大。有较强的越冬性，抗寒、抗旱能力强。适宜露地栽培和保护地半促成栽培。

**9. 石莓 6 号**

河北省农林科学院石家庄果树研究所选育，亲本为 360–1 优系×新明星。第一级序果平均单果重 36.6 克，第二级序果平均单果重 22.6 克，最大果重 51.2 克。果实短圆锥形，果面平整，鲜红色，萼下着色良好，有光泽，无畸形果、裂果，有果颈。果肉红色，质地细密，纤维少，髓心小，无空洞。果汁中多，味酸甜，香气浓，可溶性固形物含量 9.08%。果实硬度大，耐贮运。

植株生长势强，较直立，平均单株产量 401.6 克，丰产性好。适宜在我国东北、华北、华中、华东、西南、西北及华南的高山冷凉草莓适生区栽培，可密植，肥水需求量较大。

# 三、四季草莓品种

## 1. 赛 娃

美国品种。果实阔圆锥形，果个大，第一级序果平均单果重27.2克。果面鲜红色，平整有光泽，有少量棱沟，果实整齐度较差，无果颈。种子黄绿色，较小，分布均匀，微凹入果面。萼片较小，单层，翻卷，去萼容易。果肉橙红色，髓心中等大，实心，肉质细，较软，纤维少，汁液多，甜酸有香气，可溶性固形物含量9.5%。果实硬度较大，耐贮运。适于鲜食和加工。

植株直立，生长势强。三出复叶，叶片大，中间小叶近圆形，叶色深绿有光泽，叶厚，质地较硬。单株抽生花序3～5个，单花序着花3～7朵，条件适宜可四季抽序、开花，花序斜生，低于叶面，分枝较低，二歧分枝。两性花，白色。匍匐茎抽生能力较弱。抗性较强。

无明显休眠期，条件适宜即可开花结果，丰产性好，每667米² 产量7 000千克以上。

## 2. 阿 尔 比

美国品种。果实长圆锥形，大小整齐均匀，果个大，第一级序果平均单果重33克。果面鲜红色，平整有光泽。种子红色、黄色、绿色兼有，分布不均匀，凹入果面。萼片较小，翻卷，去萼容易。果肉红色，髓心较小，红色，肉质细腻，纤维少，汁液多，味甜有香气。可溶性固形物含量10.8%。果实硬度极大，果皮韧性好，耐贮运，货架期长。适宜鲜食和加工。

植株直立，生长势强。三出复叶，叶片较小，中间小叶近圆形，深绿色，叶片光泽度强，叶脉较深，光滑。花序较直立，粗壮。两性花，白色。匍匐茎抽生能力强。抗逆性和抗病性强。

早熟特性明显，可周年结果。丰产性好，每667米² 产量5 000千克以上。

### 3. 三 公 主

吉林省农业科学院果树研究所选育。第一级序果楔形，果面有沟，平均单果重 23.3 克；第二级序果圆锥形，果面平整，平均单果重 15.1 克。果面红色，有光泽。种子平于或微凸于果面。萼片中等大小，翻卷，去萼较难。果肉红色，髓心较大，微有空隙。风味酸甜，有香气，可溶性固形物含量 7%。抗白粉病、抗寒，但高温高湿条件下易感叶斑病。

四季结果能力强，在温度适宜的条件下可常年开花结果。丰产性好，露地栽培每 667 米$^2$产量约 2 237 千克。春季和秋季产量差异不明显。

# 第三章
# 草莓繁育技术

## 一、匍匐茎繁殖技术

匍匐茎繁殖属于无性繁殖，方法简单，繁殖系数高，且能保持母株的遗传特性，是目前草莓生产上最常用的方法。利用匍匐茎繁殖的苗木根系发达，生长迅速，当年秋季定植，当年冬季或翌年就能开花结果。

**1. 优良母株的选择**

选用健壮的母株是苗木优质生产的基础。为获得优质的匍匐茎苗，母株最好选用组织培养的脱毒苗。因为脱毒苗恢复了原品种的特性，品种纯正，生长势旺盛，发生的匍匐茎多而壮。如果没有脱毒苗，也可选用品种纯正、新茎粗度在 1 厘米以上、根系发达、有 4～5 片正常叶片的无病毒、无病虫害的健壮植株作为母株。

**2. 生产田育苗**

此方法是利用草莓母株在果实采收后可以发生大量匍匐茎苗的特点进行子苗繁殖。生产田育苗不占用专门地块育苗，不用定植母株缓苗，相对省钱省力，但存在苗木较细弱等缺点。

具体做法是选择品种纯正、生长健壮、无病虫害的地块作为育苗地，待草莓果实采收后，对草莓苗进行疏株，即每隔 1 行去掉 1 行，在留下的行内每隔 1 株去掉 2 株，并清除干净田间杂草，结合除草疏松土壤。通过疏株处理，可改善母株的光照条件和营养，为抽生匍匐茎和幼苗生长创造良好的环境条件，同时要及时进行追肥、浇水，促进匍匐茎尽早发生。匍匐茎大量发生后，及时把匍匐茎向母株四周拉开，使其均匀分布，尽量布满整个空间，并在偶数节位上压土，以促进发生不定根，尽早形成壮苗。当幼苗长至3～4片叶、地下部有一定数量的须根时，即可从母株上剪离作为定植苗使用。

由于利用生产田直接繁殖草莓苗是利用大量结果后的植株作为母株，其在开花结果时消耗了大量营养，致使匍匐茎苗整齐度低、生长弱、根系少、花芽分化不充实，定植以后产量较低，果实品质较差。因此，商品化育苗和生产应尽量少用这种繁殖方法，而应采用草莓育苗圃育苗，以培育优质草莓苗。

**3. 育苗圃育苗**

该方法是把生产和育苗分开，为了集中养分培育壮苗，当母株现蕾后要及时摘除花蕾。由于育苗圃中母株种植稀疏，生长健壮，其上抽生的匍匐茎和幼苗有充足的光照和良好的营养，所以培育出的苗木多且健壮。

（1）**苗床准备** 育苗地要选择地势平坦，光照充足，土壤肥沃疏松，排灌条件好，之前没有种过草莓或已轮作过其他作物如小麦、瓜类、蔬菜的地块。此外，注意不要选择有线虫等土壤病虫害的地块。

选好苗床地后，入冬前彻底清除田间枯枝杂草，集中烧毁后全园深翻，利于疏松土壤并消灭部分病原菌和虫卵。在母株定植前施入基肥，通常每 667 米$^2$ 施入充分腐熟的农家肥 3 000千克，并掺入过磷酸钙或其他复合肥 50 千克。结合施肥，再一次深翻土壤，深度 30 厘米，平整地面，耕匀耙细后做畦，畦宽 1.2～1.5 米，高 10～20 厘米，两畦间留 20～25 厘米宽的空隙，以便操作、安装滴灌。另外，要注意防治土传病害如根腐病、枯萎病等和地下害虫（如蝼蛄、蛴螬等），具体防治方法见第六章草莓病虫害防治相关内容。

（2）**母株定植** 母株定植可以春季定植，也可以秋季定植，具体时间应根据当地气候条件确定。华北地区秋季定植一般在 8 月下旬至 9 月上旬进行，此时气候凉爽，蒸发量小，成活率高，且入冬前有较长的生长时间。春季定植在 3 月中下旬，日平均温度大于 12℃时进行。定植密度取决于草莓品种抽生匍匐茎的能力、土壤肥料和管理水平。对于繁殖系数高的品种，每畦栽种 1 行，株距 60～80 厘米；繁殖系数较低的品种，每畦可栽种 2 行，行距 30 厘米，株距 80 厘米。通常每 667 米² 栽植 700～1 800 株。

母株定植时，为提高成活率，最好带土坨移栽，栽植时摘除枯叶和花蕾，并随时起苗随时栽植。在畦中间按栽植密度挖穴，将苗木放入穴中，培土一半时浇透水，水渗后再培土封穴。栽植时，要使植株根系充分展开。栽植深度要适宜，通常以"深不埋心，浅不露根"为宜（图 3-1）。

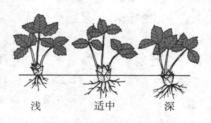

浅　　　　适中　　　　深

图 3-1　草莓栽植深度

（3）**苗期管理**

①赤霉素处理　母株成活后喷施 1～2 次赤霉素，浓度为 50 毫克/千克，每株喷施 5～10 毫升，可有效促使草莓母株早抽生、多抽生匍匐茎。

②土、肥、水管理　母株缓苗后，如果发现叶色较淡，叶柄较细，应进行追肥。如果采用根外追肥，尿素浓度应控制在 0.3%，每隔 10～15 天追施 1 次。8 月上旬以后停止施用氮肥，

可追施0.2%磷酸二氢钾溶液，以促进花芽分化。秧苗全部成活后，要松1次土，以防止因浇水造成的土壤板结。在苗木生长期间要经常中耕除草，保持土壤疏松，水分充足。6～7月份匍匐茎大量发生时不能再锄地，但要及时用手拔草，以免杂草影响幼苗生长。母株栽植后浇1次透水，确保苗木成活。苗期要及时灌溉，保证畦面疏松湿润，以利于匍匐茎生根，特别是高温季节要加强水分管理，必要时可使用遮阳网降温，避免高温、高湿伤苗。雨季要注意防涝，保持沟渠畅通。子苗移栽前1周要控制土壤湿度，以提高定植成活率。

③匍匐茎管理　母株定植后，为了减少养分消耗，促进抽生匍匐茎和培养健壮子苗，要经常摘除老叶，并及时摘除母株上的花序，以提高苗木繁殖率。当匍匐茎发生以后，要根据母株种植方式及时整理匍匐茎并压蔓。如果母株种植在畦中心，可采用放射状布蔓；如果母株种植在畦边，可采用单向布蔓，使幼苗均匀分布在畦面上，要避免匍匐茎交叉在一起影响子苗不定根发生。待匍匐茎节上发生的子苗具有第二片展开的叶时进行压蔓，即将新抽生的子苗近前的匍匐茎用泥块压牢，注意不要压断，促使幼苗生根，形成健壮的匍匐茎苗。当匍匐茎苗发生数量过多时，要疏除部分细弱苗；此外，应及时摘除匍匐茎上发生的子茎（二次匍匐茎）和孙茎（三次匍匐茎），以减少田间郁闭，保证早期子苗健壮生长，通常每10厘米$^2$只留1株匍匐茎苗。当产生的匍匐茎苗数量已达到繁殖系数（30～60株）时，对匍匐茎摘心，此后再发生匍匐茎也应及时去掉，以利于匍匐茎苗生长，使之更加粗壮。通常每667米$^2$育苗数量以30 000～35 000株为宜。

④病虫草害防治　苗圃中匍匐茎子苗生长期正处于外界高温、高湿时期，病虫害发生比较多，要做好病、虫、草害的防治工作，防治原则为"预防为主，综合防治"。常见害虫有蛴螬、斜纹夜蛾等，常见病害有炭疽病、叶斑病等，应及时防治，具体方法见第六章病虫害防治部分。同时，可结合中耕松土及时清除

杂草，以减少养分消耗，给匍匐茎生长提供足够的空间。

（4）**子苗出圃** 子苗出圃可选择在两个时期进行。一是在 8 月上中旬花芽分化前出圃，此时子苗已长出 5～6 片复叶，生长比较健壮，出圃后可直接定植，也可假植至育苗圃。出圃时间过早，子苗生长不充实，质量差，影响成活率；出圃过晚，移栽后子苗生长期短，影响花芽形成，降低产量。二是在花芽分化后出圃，北方地区一般在 9 月下旬进行。出圃过早，花芽分化不充分；出圃过晚，气温低，不利于缓苗生长。此时出圃可直接定植，也可置于低温库中冷藏，待打破休眠后再定植，进行促成栽培。

当大部分苗长出 4～5 片叶时，根据生产需要可以起苗。起苗时要注意轻拿轻放，手不要捏子苗的心部；另外，注意所使用的工具要无毒无害，符合无公害生产标准。起苗后去除病叶、老叶，保留 4～5 片新叶。为使土壤湿润、在起苗过程更好地保护根系，可在起苗前 2 天浇 1 次水。起苗深度不小于 15 厘米，以减少伤根。定植地点距离苗圃近，最好带土坨移栽，以提高定植成活率。子苗起出后如果不能及时定植，要用泥浆浸根，保持根系湿润，防止吹干。子苗出圃后要加强苗圃地肥水管理，保证母株正常生长。通常母株使用年限不超过 5～6 年，否则植株生长势衰弱，易感染病害。

（5）**假植育苗** 假植育苗即在草莓定植前一段时间，将育苗圃中繁殖的健壮匍匐茎子苗移植到事先准好的苗床上进行培育，栽培一段时间后再定植到生产田中。一般在定植前 30～60 天进行假植。北方地区多在 7 月下旬，南方地区在 8 月中下旬。假植过早，外界温度高，苗木成活率低；假植过晚，缓苗期距定植时间短，苗木生长发育不好，不利于花芽分化。

假植前先搭建大棚，覆盖遮阳网。选用通透性好、肥力中等、无病虫害的壤土作为营养土；或直接使用棚内泥土，但需根据土壤肥力增施有机肥和复合肥，并将土壤深翻待用。

假植前 1～2 天，育苗田浇足水。选择有 3～4 片叶且根量大的子苗，将子苗从母株上分离，通常在母株一侧留2厘米左右的匍匐茎残桩，以便后期生产栽培时定向种植。挖苗时要尽量少伤根系，最好带土移植，以缩短缓苗时间。随挖随栽，栽植株行距以15厘米×15厘米为宜。栽植时要做到"深不埋心，浅不露根"。栽后隔3～5天浇1次水或喷1次水，浇水不要过大；苗成活后，根据墒情浇水，以保持土壤湿润为宜。假植后10天左右撤除遮阳网，最好选择在阴雨天进行。撤除遮阳网后的2～4天，每天也要浇1次或喷1次水。一般假植后不宜大量追施肥料，为促进幼苗生长，可结合浇水施2～3次稀尿素液。用于保护地栽培的幼苗，8月中旬以后停止施用氮肥，并适当控水，以促进幼苗提早进行花芽分化。假植时期要及时除草和防治病虫害，以保证幼苗健壮生长，并及时摘除黄老叶、病叶和抽生的匍匐茎，植株叶片保持在4～5片即可，以节约养分，促进根系与根茎的生长，利于提高花芽分化质量。假植圃培育的幼苗一般可在9月上旬定植到生产田。

# 二、穴盘育苗技术

穴盘育苗技术就是把匍匐茎苗移入穴盘中集中管理培育壮苗，定植时将苗木从穴盘中取出，将土坨一起定植到生产田中的繁殖方法。利用穴盘育苗，种植时间灵活，管理简单，可实现机械种植，降低生产成本；根系保护完整，移栽成活率高，在一定程度上可减轻草莓多年连作障碍，提高后期品质和产量。

**1. 子苗生产**

**（1）母株栽植及管理**　方法同匍匐茎育苗。

**（2）子苗选择标准**　适于穴盘育苗的子苗应带有1～2片展开的叶片，基部小根刚刚长出且不超过1厘米。如果根长超过1厘米，则不便于操作，需剪短后移栽，这样容易感染病菌，费工费时，并会延迟新根发生。

（3）**子苗采集**　每隔 10～14 天采集 1 次子苗，采集时选择无病虫害、健壮的匍匐茎上的子苗，用剪刀剪下，剪时最好留 1～2 厘米的匍匐茎，这样既便于移栽，又可支撑子苗。子苗采后可以直接栽植到穴盘中，也可暂时贮藏起来。具体操作方法：把带有子苗的长匍匐茎整体剪下，装在塑料袋中，放至温度 0℃～5℃、空气相对湿度 90%～95%条件下，可存放 2 个月。子苗采集过程中，如遇感染病菌的植株，要及时清除出去。

**2. 穴盘培育**

（1）**穴盘**　草莓植株小、根系浅，可选用 50 孔穴盘，空穴直径 5 厘米左右、深 6 厘米。穴盘可以重复利用，但一定要清理干净，使用前最好用高锰酸钾进行消毒。具体方法：先将穴盘中残留基质等杂物清理干净，用清水冲洗并晾干，然后用 0.1% 高锰酸钾溶液浸泡 30 分钟，将穴盘捞出后用清水冲洗掉上面的药液，放置在阳光下晒干即可使用。

（2）**基质**　采用经过消毒处理的人工混合基质，如草炭、蛭石、珍珠岩、锯末、营养土等，基质消毒最好用高温等物理消毒法，不能使用无公害生产限制的农药进行消毒。

（3）**栽植**　把修整好的子苗根据规格分类插到基质中，做到"深不埋心，浅不露根"。

**3. 栽后管理**

（1）**水分管理**　栽植后立即浇 1 次透水，以后要经常浇水，使土壤相对湿度保持在 90% 以上，最好用微喷进行喷灌。

（2）**露地穴盘育苗**　北方露地穴盘育苗要搭建遮阳网、遮阳棚等，防止阳光直晒，并经常喷水保持湿度；南方要在雨季搭建防雨棚，防止雨水直冲和雨天积水，待雨季过后去掉棚膜。此外，最好远离草莓生产田，以减少外源病菌的感染。

（3）**温室穴盘育苗**　温室内温度高、湿度大，利于幼苗生长，但高温、高湿环境也使草莓发病系数升高，因此要严格控制温湿度。通常温度控制在白天 32℃、夜间 24℃。

（4）**炼苗** 为使苗木根系和叶片生长健壮，可在停止喷雾后将穴盘移至全光照条件下炼苗 14～21 天。在此期间，每天在上午 9 时以前或下午 5 时以后喷 1 次水，必要时可喷施叶面肥补充营养。炼苗结束后即可移至大田。

（5）**成苗标准** 用于移栽的成苗应植株健壮，叶片深绿色，根系发达，根系长满整个穴孔。

# 三、苗木分级与贮藏

## 1. 苗木的分级标准

草莓苗木出圃时要进行分级，分级标准可参考辽宁省地方标准《DB21/T 1382—2005 草莓苗木生产技术规程》，其分级指标如表 3-1 所示。

表 3-1 草莓苗木质量标准

| 项 目 | 分 级 | 一 级 | 二 级 |
| --- | --- | --- | --- |
| 根 | 初生根数 | 5 条以上 | 3 条以上 |
| | 初生根长 | 7 厘米以上 | 5 厘米以上 |
| | 根系分布 | 均匀舒展 | 均匀舒展 |
| 新 茎 | 新茎粗 | 1 厘米以上 | 0.8 厘米以上 |
| | 机械伤 | 无 | 无 |
| 叶 | 叶片颜色 | 正常 | 正常 |
| | 成熟叶片 | 4 个以上 | 3 个以上 |
| | 叶柄 | 健壮 | 健壮 |
| 芽 | 中心芽 | 饱满 | 饱满 |
| 苗 木 | 虫害 | 无 | 无 |
| | 病害 | 无 | 无 |
| | 病毒症状 | 无 | 无 |

## 2. 贮 藏

（1）**冬季普通贮藏法** 在土壤封冻前起苗、分级，选用一级苗木进行贮藏，把苗木按每 20～30 株捆为一捆备贮。选择背风向阳、方便管理的地块作为贮藏场所。东西走向挖宽 60～80 厘米、深 30～40 厘米的假植沟，放苗后使叶片与地面平齐。沟底可留细土或细沙。假植沟间距离以 5～6 米为宜。将贮藏的草莓苗在沟内逐捆摆齐放成一排，然后用细沙填充根部，再另放一排贮藏苗，依次顺序放满假植沟，用细土或细沙填充空隙，最后用秸秆覆盖。土壤封冻时覆盖地膜，并覆 20～25 厘米厚的碎草，向草上洒少量的水保湿、保温。在假植沟的迎风面距沟 30～50 厘米处用秸秆设置防风障。当春季气温升高至 0℃以上时，及时通风，防止高温烧苗。

（2）**冷冻贮藏草莓苗** 冷藏最佳时期是 11 月中旬，冷冻贮存最适温度为 -3℃～3℃，最安全的温度是 0℃±1℃，最好能保持恒温。入库前整理苗木，保留 2～3 片叶即可。入库前把根洗净，装入塑料袋，防止风干，然后把塑料袋装在带缝的箱中；或者在冷库内设置货架，苗木装入塑料袋后密封，摆放在货架上。注意定期检查库内温度和观察苗木贮存情况。

**3. 运　输**

远距离运输前要对苗木进行挑选和清洗，每 50 株或 100 株为一捆，根部蘸泥浆，套上塑料袋，以保持根部水分，然后把草莓苗装入箱中或尼龙袋中，放入冷库预冷 24 小时，然后装入低温冷藏车运输。

运输过程中要对苗木进行严格检疫，主要包括苗木等级、数量、检疫性病虫害、微生物、病毒等。

# 第四章
# 草莓露地栽培技术

草莓露地栽培，基本不用考虑草莓休眠期的问题，不需要特殊的栽培技术和设备，是在田间自然条件下，植株解除休眠、开花结果的一种栽培方式。生产中将采用遮雨棚遮雨、覆盖地膜或稻草等防寒物安全越冬的栽培方式也称为露地栽培。草莓露地栽培具有栽培容易、管理简单、成本低、质量好、经济效益高等优点。但露地草莓容易受高温、低温、多雨等不良环境影响；此外，露地栽培成熟期较集中，草莓果实耐贮运性差，容易造成损失。因此，草莓大面积露地栽培，应选择在城市附近或交通便利的地区，以及有加工冷藏条件的地方，或在城郊发展草莓露地观光采摘种植。

草莓露地栽培形式包括一年一栽制、两年一栽制和多年一栽制，生产中常用的是一年一栽制。

## 一、栽植技术

### 1. 园地选择

草莓为浅根性植物，既喜光又耐阴，既喜水又怕涝、怕旱，既喜肥又怕肥。建园以选择在地面平坦、有灌溉条件、土壤富含有机质、保水保肥能力强、通气性良好的弱酸性或中性沙壤土为宜。草莓重茬严重，前茬最好选择与草莓无共同病虫害的作物，如豆类、瓜类、小麦、玉米或油菜等。有线虫危害的葡萄园和已刨去老树的果园，未经土壤消毒不宜栽种草莓。

**2. 整地做畦**

草莓种植前的整地工作包括清除杂草杂物、施肥、耕翻、做畦起垄。耕翻前施足基肥，以充分腐熟的有机肥为主，适量配合其他肥料。一般每 667 米$^2$ 施优质农家肥 5 000 千克、过磷酸钙 40 千克、氮、磷、钾复合肥（三元复合肥）50 千克，如土壤缺素明显还应补充相应的微肥。基肥要全园撒施，耕翻后与土壤充分混匀。耕翻深度以 20 厘米左右为宜，耕翻后把地耙平，细碎平整，上虚下实，然后做畦。

常用的有平畦和高垄两种形式。北方地区主要采用平畦栽培，这是因为我国北方地区冬季寒冷、气候干旱，采用平畦栽培有利土壤保墒，便于冬季防寒。一般畦宽 20～30 厘米、长 10～15 米，埂高 10 厘米。平畦有利于浇水、中耕除草等农事操作；但平畦栽培的果实着色不好，浇水时果实易被水浸泡而引起烂果，影响果实品质。

在地下水位高和多雨的地区，或有喷灌、软管喷孔管浇水设备的地区，适宜采取高垄栽培。垄的高低和垄面的宽窄可根据地理位置不同而异，一般垄长 15 米左右、高 20～40 厘米，垄面宽 50～60 厘米，垄沟宽 30～40 厘米。北方地下水位较低的地区可适当低些；雨水较多、地下水位较高的南方地区，可适当高些。观光采摘园的垄沟宽度要适当加大，以便采摘。高垄栽培的优点是增加土壤通气性、通风好、光照足、果实着色好、病虫害少、不易烂果。同时，高垄栽培还有利于覆盖地膜和垫果，可提高地温及果实品质。整地做畦后浇 1 次小水或适当镇压，使土壤沉实，以免栽植后浇水秧苗下陷，造成泥土淤苗或土表出现空洞而出现露根。

**3. 品种选配及秧苗选择**

在北方寒冷地区，露地栽培草莓应选择休眠期长、抗寒性强、结果期集中、果实成熟较一致的优良品种；南方地区应选择休眠浅、耐高温、抗病性强的优良品种。以鲜食为主时，应选择果实个大、丰产性好、甜度高、香味浓、品质优、抗病性强的品种；以加工为主时，应选择产量高、果个中等偏小、均匀整齐、果肉红色或深红色、风味浓、易脱萼、抗病性强、耐贮运的品种。

　　草莓可自花授粉，但果实小、产量低；异花授粉后，果个大、产量高。所以，生产中除主栽品种外，还应在园中配置 2～3 个授粉品种，以增加果重和改善品质。其中，主栽品种占总面积的 70% 左右，主栽品种和授粉品种不宜相距太远，以 25 米左右为宜。草莓生长周期短，上市集中，应配置早、中、晚熟品种栽植，这样可以分批采摘，既可缓和劳力紧张状况，又可延长草莓供应期，获得更好的经济效益。

　　应选用壮苗栽植，壮苗标准：植株完整，无病虫害，具有 4 片以上发育正常的叶片，叶色鲜绿，新茎粗 1.2 厘米以上，叶柄粗壮，根系发达，根长 5 厘米以上，有较多白色或乳白色须根，单株鲜重 20 克以上，中心芽饱满，顶花芽已完成分化。

### 4. 栽植时期及栽植密度

　　一年一栽制通常在秋季栽植。北方定植早、南方定植晚，沈阳及以北地区 8 月上中旬栽植，河北、山东及山西等地在 8 月中下旬栽植，浙江及广东等地 10 月上中旬栽植。弱苗要早栽，壮苗要晚栽。最好选择在阴天、小雨天或晴天傍晚栽植，因为此时气温低、湿度大、蒸发量小，有利于秧苗成活。

　　草莓苗的栽植密度主要取决于栽培方式、品种习性、秧苗质量、管理水平及地势、地力等因素。露地栽培密度小于保护地栽培密度，一般平畦栽培，株距 20～30 厘米，行距 30～40 厘米，每 667 米$^2$ 定植 7 500 株左右；高垄栽培，垄面宽 50～60 厘米，沟宽 30～40 厘米，垄面上定植 2 行，株距 15～20 厘米，小行距 20～30 厘米，大行距 60～70 厘米，每 667 米$^2$ 定植 8 500 株左右。品种长势强旺、秧苗质量好、管理水平高、土壤肥沃的可

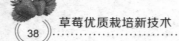

以适当稀植；反之，要适当密植。

**5. 栽植方法及定植方向**

栽苗时，先按株行距确定位置，然后用铲刀开穴，手提秧苗放入穴中，露出中心芽，将根舒展开放入穴内，填入细土，并轻轻提一下苗，使根系和土壤紧密接触，然后再填平土并压实。按照"上不埋心、下不露根"的定植原则，过深或过浅均会影响秧苗成活率。大面积栽植时也可用开沟法，即按行距开沟，按株距栽植，沟深6～10厘米、宽15～20厘米，在沟内充分浇水，而后"坐水栽"，根系与土壤、水分接触，这样在晴天中午也可以栽植。栽植后立即浇1次透水，如发现有露根或埋心现象，应立即补土埋根、扒土露心或重新栽植。

草莓从新茎抽生花序有一定的规律，通常植株新茎略呈弓形，而花序从弓背方向伸出。为了通风透光和提高果实品质，便于后期垫果、采果等作业，栽苗时应将新茎的弓背朝向固定的方向，这样每株抽出的花序就朝向同一方向。平畦栽植时，边行植株花序方向应朝向畦里，以防花序伸到畦埂上，影响作业。畦内行花序朝向同一方向，便于后期操作，也有利于授粉和果实着色。高垄栽植时，草莓弓背朝向高垄外，结果时浆果挂在高垄两边，利于通风受光，减少果实表面湿度，改善浆果品质并减轻果实病虫害。

**6. 提高栽植成活率的措施**

（1）**药物处理**　为促进根系生长，提高栽植成活率，增加产量，可在定植前用萘乙酸或萘乙酸钠浸泡根系，浓度为5～10毫克/千克，浸泡2～6小时。

（2）**修剪秧苗**　定植前摘除秧苗的部分老叶，剪掉黑色的老根，可减少植株水分蒸腾，促进抽生新根，提高栽植成活率。

（3）**带土移栽**　近距离栽植时选择带土坨栽植，可有效缩短秧苗的缓苗期，提高栽植成活率。

（4）**适期栽植**　为避免阳光暴晒，减少叶面蒸腾，缩短缓苗期，提高成活率，应选择在阴雨天或晴天早晨、傍晚栽植。如果雨水过多或遇暴雨，应及时排水，防止水淹或淤心死亡。

（5）**覆盖遮阴**　栽后如遇晴天，在补充水分的同时，可用苇帘等覆盖遮阴或搭建遮阳网，待成活后及时晾苗通风，以免突然撤除遮阳物时灼伤幼苗，3～4天后撤除遮阳物。

（6）**及时浇水**　秧苗定植后立即浇1次透水，定植后3天内每天浇1次小水，之后每2～3天浇1次小水，但土壤不可过湿，以免因土壤通气性差而影响根系呼吸，导致沤根烂苗。定植成活后应适当晾苗。但刚成活的幼苗不耐干旱，仍应保持土壤适当含水量，以利于幼苗生长。如定植后温度过高，可在正午时利用喷雾器向秧苗进行喷雾降温，以提高幼苗栽植成活率。

# 二、土肥水管理

### 1. 土壤管理

（1）**土壤改良**　草莓根系浅，浅层土壤由于施肥多容易造成有机质含量降低、土壤板结等，为了给根系创造良好的生长环境，应对土壤进行改良。可在草莓采后进行土壤深耕，以加深根系活动的有效土层；结合深耕施用有机肥对土壤进行改良。为防止连作对草莓产生危害，采收后可选择水稻、玉米、高粱等禾本科作物进行轮作，然后割青将秸秆压入土中。这样，既可避免滋生病虫害，又可增加土壤有机质含量，改良土壤结构和质地。

（2）**土壤消毒**　草莓忌重茬，重茬后黄萎病、根腐病等土传病害发病严重，为确保草莓优质、丰产，定植前要对土壤进行消毒。常用的土壤消毒方法见本书第六章草莓病虫害防治相关内容。

（3）**中耕除草**　草莓为浅根系多年生草本植物，喜湿润疏松的土壤。中耕可增加土壤通气性和土壤微生物活动，加快有机物分解，促进根系和地上部生长；同时，可以消灭杂草，减少病虫害。土质疏松、杂草少的新建草莓园，每年中耕5～6次，做到园地清洁、不见杂草、排灌畅通、土壤疏松。其他草莓园根据实际情况确定中耕次数和时间。一般中耕深度为3～4厘米，以不伤根、除草松土为原则。

**（4）地膜覆盖**　草莓种植通过地膜覆盖，可提高地温，促进根系生长；保持土壤水分，减少土壤蒸发，降低空气湿度；改良土壤结构，防止频繁灌溉造成的土壤板结，抑制杂草；防止浆果直接接触地面，提高果实产量和品质。

覆盖地膜前，先平整土地，如果基肥施入不足，可补施1次速效肥。如果秧苗质量好，或定植后长势强健，可边覆盖地膜边破膜提苗；如果秧苗瘦弱，可在12月份覆盖后不破膜，利用封闭地膜增温、保湿，促进草莓恢复生长，至翌年2月上中旬再破膜提苗。覆盖地膜时要绷紧、压实、封严。北方地区由于冬季气温较低，秧苗应全面封闭覆盖，以免植株受冻。全封闭覆盖早春破膜提苗不宜过迟，以免植株在膜下大量现蕾开花，遇早春低温容易造成冷害。早春破膜可选择在晴天无风时进行，提苗后随即用细土封住洞口，防止地膜中间穿风和热气从洞口逸出灼伤茎叶。

**2. 施　肥**

**（1）草莓需肥特点**　露地栽植的草莓随着气温变化有一个明显的休眠期，因此，可将其分为4个需肥阶段。第一阶段是从定植后至完成自然休眠，此期对氮、磷、钾元素的吸收比例为1：0.34：0.3。第二阶段是从自然休眠解除后至现蕾期，此期植株开始旺盛生长，养分需求量增加，对氮、磷、钾元素的吸收比例为1：0.26：0.65。第三阶段是植株开花坐果期，对养分的吸收和消耗达到高峰，对氮、磷、钾元素的吸收比例为1：0.28：0.93。第四阶段是果实膨大期和成熟期，此期对氮的吸收速度明显降低，对磷、钾的吸收量增加，对氮、磷、钾元素的吸收比例为1：0.37：1.72。

设施促成栽培的草莓需肥特点与露地栽培不同。促成栽培的草莓植株不进入休眠，开花结果期可持续半年以上，明显区别于露地栽培。促成栽培草莓需肥分 3 个阶段。第一阶段是从定植至开花期，此期对养分吸收平稳，氮、磷、钾元素吸收分别占全年吸收量的 20%、16% 和 14%。第二阶段是第一、第二、第三级果实膨大和成熟期，此期产量约占总产量的 55%，对养分的吸收和消耗较多，形成第一次需肥高峰。第三阶段是第一次采收结束至整个采收结束，是草莓第二个需肥高峰，产量约占总产量的 45%。第二、第三需肥阶段，草莓需肥特点与露地栽培时果实成熟期的需肥特点相似，对磷、钾肥的吸收增多，特别是对钾肥的吸收较多。

**（2）草莓缺素症状及防治方法**

①缺氮　植株生长发育不良。叶片逐渐由绿色变为淡绿色或黄色，局部枯焦而且略小于正常叶片。老的叶柄和叶片呈微红色。匍匐茎发生数量少，呈红色。

防治方法是种植前应施足基肥，以满足植株生长发育需要。出现缺氮症状时，每 667 米² 追施硝酸铵 11.5 千克或尿素 8.5 千克，施肥后立即浇水；花期叶面喷施 0.3%～0.5% 尿素溶液 1～2 次，或在第一级果坐果后 30 天叶面喷施 0.3% 尿素溶液，每隔 7～10 天喷施 1 次。

②缺磷　叶片呈青铜色至暗绿色，近叶缘处出现紫褐色斑点。匍匐茎发生和子株发育不良。花芽分化少，果实小，产量低。

防治方法是当植株出现缺磷症状时，叶面喷施 1% 过磷酸钙溶液或 0.1%～0.2% 磷酸二氢钾溶液，每隔 7～10 天喷施 1 次，连喷 2～3 次。

③缺钾　最初老叶叶缘变成红紫色，逐渐向基部扩展。老叶易出现斑驳的缺绿症状，叶缘和叶尖常坏死，有时叶片卷曲皱缩。小叶柄暗黑色，叶脉和两侧叶组织坏死，并逐渐扩展。匍匐茎发生不良。结果少，产量低，味淡，着色差，果肉柔软。

防治方法是全园增施有机肥料，生长期每 667 米$^2$追施硫酸钾 75 千克。出现缺钾症状时，叶面喷施 0.1%～0.2%磷酸二氢钾溶液，每隔 7～10 天喷施 1 次，连喷 2～3 次。

④缺镁　最初老叶叶脉间失绿，之后逐渐变成红色。有时最初老叶叶脉间出现小红紫色斑点，之后逐渐向基部扩展，最后整个叶片紫红色。

防治方法是平衡施肥，防止过量施用氮、钾肥。出现缺镁症状时，叶面喷施 1%～2%硫酸镁溶液，每隔 10 天左右喷 1 次，连喷 2～3 次。

⑤缺硼　最初幼叶皱缩，叶缘黄色，有焦叶现象。叶片小，花小且容易枯萎，授粉和结实率低，种子干瘪，果实畸形或呈瘤状，果实内部褐变。根系短粗色暗，先端枯死，植株矮化。

防治方法是适时浇水，保持土壤湿润，提高土壤可溶性硼含量，以利于植株吸收。出现缺硼症状时，叶面喷施 0.15%硼砂溶液，每隔 7～10 天喷 1 次，连喷 2～3 次，以增强花粉受精质量，促进果实发育，提高果实品质。花期补硼使用浓度应适当降低，也可选择撒施或随水追施硼砂，使用量为每 667 米$^2$ 0.5～0.8 千克。

⑥缺锌　老叶片变窄，缺锌越严重，窄叶部分越长。在叶龄大的叶片上还出现叶脉和叶片表面组织发红的现象，但叶片不坏死。纤维状根增多且长。果实发育正常，但结果量减少，果个变小。

防治方法是增施有机肥，改良土壤。出现缺锌症状时，叶面喷施 0.05%～0.1%硫酸锌溶液 2～3 次，喷施浓度切忌过高，以免造成药害。

⑦缺铁　最初幼叶黄化或失绿，逐渐变白，发白的叶片组织出现褐色污斑。根系生长减弱，植株生长不良。严重时，新成熟小叶变白，叶缘坏死，或小叶黄化，仅叶脉绿色，叶缘和叶脉间变褐坏死。

防治方法是增施有机肥料，及时排水，保持土壤湿润。出现缺铁症状时，及时喷施 0.1%～0.5% 硫酸亚铁溶液或 0.03% 螯合铁水溶液，每隔 7～10 天喷施 1 次，连续喷施 2～3 次，选择在晴天上午 10 时前或下午 4 时后喷施，以达到最佳的施用效果。

⑧缺钙 多出现在开花前现蕾期，新叶端部及叶缘变褐呈灼伤状或干枯，叶脉间褪绿变脆，小叶展开后不能正常生长。根系变短，不发达。果实容易发生硬果。

防治方法是增施有机肥，提高土壤肥力。适时浇水，保持土壤湿润，提高钙的利用率。出现缺钙症状时，喷施 0.2%～0.3% 氯化钙溶液或 0.3%～0.5% 硝酸钙溶液，每隔 10～15 天喷施 1 次。

⑨缺铜 早期表现为幼叶呈均匀的淡绿色，不久叶脉之间的绿色变得很浅，而叶脉仍具有明显的绿色，逐渐叶脉间失绿，出现花白斑。缺铜对草莓根系和果实不显示症状。铜过剩时新叶叶脉间失绿，诱发缺铁症状。

防治方法是整地施基肥时按每 667 米² 掺入 7～10 千克硫酸铜，隔 3～5 年施 1 次即可。生长期出现缺铜症状时，叶面喷施 0.01%～0.02% 硫酸铜溶液，每隔 5～7 天喷 1 次，连喷 2～3 次。

⑩缺钼 草莓初期的缺钼症状与缺硫相似，幼叶和老叶最后都表现为黄化。随着缺钼程度的加重，叶片上出现枯焦，叶缘向上卷曲。除非严重缺钼，一般缺钼不影响浆果的大小和品质。

防治方法是出现缺钼症状时，叶面喷施 0.03%～0.05% 钼酸铵溶液，或在草莓栽植时，每米栽植行土施 0.065～0.03 克钼酸铵。

⑪缺硫 在叶片的边缘出现褐色环斑，叶片锯齿状明显，果实变小。

防治方法是对缺硫草莓园施用石膏或硫黄粉。一般可结合施基肥，每 667 米² 增施石膏 37～74 千克或硫黄粉 1～2 千克，在栽植前每米栽植行施石膏 65～130 克。

（3）**基肥**　基肥以有机肥为主，可以长时间为草莓提供多种养分。基肥在定植前施入，由于草莓栽植密度大，不易在生长期补肥，因此最好一次施足基肥。一般每 667 米$^2$ 施充分腐熟鸡粪 2 000 千克或优质厩肥 5 000 千克，并加入适量磷、钾肥或其他矿质元素。

（4）**追　肥**

①根部施肥　草莓从定植后，在整个生长过程中有 4 个追肥关键时期。第一次在草莓花芽分化后，以氮肥为主，每 667 米$^2$ 施三元复合肥 15～20 千克或尿素 7.5～10 千克，既能促进植株营养生长，又能增加顶芽花序的花数，增强越冬能力。第二次在开花前施入，每 667 米$^2$ 施三元复合肥 10～15 千克，此期追肥是保证草莓优质高产的重要措施。第三次追肥在第一级序果膨大前施入，每 667 米$^2$ 施三元复合肥 10～15 千克，可促进果实膨大和提高第二、第三级序果坐果。第四次在盛果期，即第二、第三级序果膨大与成熟期，此次施肥以磷、钾肥为主，每 667 米$^2$ 施磷、钾肥 10～15 千克，以提高果实品质，促进植株健壮，防止植株早衰。草莓追肥方法，可采用植株两侧撒施法，也可在离根部 20 厘米处开沟施肥，或采用打孔灌入液态肥。

②叶面喷肥　由于草莓根系浅，耐肥力差，如果追肥不当容易出现烧根死苗现象，因此可采用叶面喷肥的方法。叶面喷肥前期以尿素为主，花前喷施磷酸二氢钾溶液和硼砂溶液，还可根据土壤实际情况喷施微量元素肥。研究表明，花前叶面喷施 3～4 次 0.3% 尿素溶液或 0.3% 磷酸二氢钾溶液，可增加单果重，改善果实品质，提高坐果率。叶面喷肥时要喷至叶片背面，以利于叶片对营养的吸收。叶面施肥要选在傍晚叶片潮湿时进行，还应注意避开花期施用，以免造成授粉不良，产生畸形果。

**3. 浇　水**

草莓叶片大，根系浅，属需水较多的植物，对水分要求较高，1 株草莓整个生育期约需水 15 升，但不同生育期对土壤水分要求不同。

（1）**定植水** 秋季定植期外界气温较高，地面蒸腾量大，幼苗还没有形成大量新根，吸水能力差，如浇水不足，容易引起死苗，所以此时期需水量较多。

（2）**封冻水** 越冬前要浇 1 次封冻水，一般在土壤封冻前进行，封冻水一定要浇足浇透，既能提高植株越冬能力，也能促进植株翌年春季的生长。

（3）**萌芽水** 早春去掉覆盖物后不宜过早浇水，可推迟至现蕾期进行，因为刚去掉覆盖物后地温较低，过早浇水容易引起地温下降，进而影响草莓根系恢复生长和地上部萌芽。

（4）**花果水** 进入花期后，随着开花坐果越来越多，植株需水量也越来越多，此时应遵循"小水勤浇，保持土壤湿润"的原则。果实增大至浆果成熟期，在保证土壤湿润的情况下适当控水，切忌大水漫灌，可在采果后的傍晚浇小水，浇水量以浇后短时渗入土中、畦面不存水为原则。如浇水太多，高温、高湿条件下草莓容易感染灰霉病，导致浆果腐烂。另外，每次施肥要结合浇水，浇水要结合中耕除草。

（5）**及时排水** 草莓既喜水又怕涝，植株在水中浸泡时间过长，叶片变黄甚至死苗，所以在草莓园周围要建立好排水系统，雨水过多时要及时排除积水。

# 三、植株管理

**1. 摘除匍匐茎**

匍匐茎是草莓的营养繁殖器官，但生产园是以收获浆果为目的，应将产生的匍匐茎及时摘除，以减少母株养分消耗，削弱母株生长势，影响花芽分化，降低植株产量和越冬能力。

**2. 疏花疏果**

草莓为二歧聚伞花序，每株有 2～5 个花序，每个花序有

7～15 朵花。高级次花很小且多数不能开放，为无效花。即使开花结果也很晚且结果很小，无经济价值，为无效果。因此，在现蕾期应及早疏去高级次小花蕾，或掰去株丛下部抽生的弱花序，可节省养分、增大果个、促进果实成熟、使采收期集中，还可以防止植株早衰。一般每个花序上保留 1～3 个花果即可。在幼果时，及时疏去畸形果、病虫果等，使果形整齐，提高商品果率。

**3. 垫　果**

草莓坐果后，随着果实的生长，果穗下垂，浆果与地面接触，施肥浇水时容易污染果面，使果实感染病害，引起腐烂，同时还影响果实着色和成熟。因此，对未采用地膜覆盖的草莓园，可在开花后 2～3 周用麦秸或稻草垫在果实下面，以减轻草莓病害发生，提高浆果商品价值。

**4. 摘除病老残叶**

草莓新老叶片更新频繁，在生长季节，当植株下部叶片呈水平着生并开始变黄枯时，应及时从叶柄基部去除。越冬老叶上常寄生有病原菌，待长出新叶后应及早除去，以减少病害发生，并有利于植株通风透光和快速生长。发现病叶要及时摘除，并将其带出果园，集中烧毁或深埋，以减少病原菌传播。摘除老叶时要用剪刀剪，切忌用手直接拉扯，否则容易在拉扯叶片时将苗拔起，造成伤苗现象。

**5. 赤霉素处理**

赤霉素俗称九二〇，是草莓生产中运用广泛的一种植物生长调节剂。

**（1）主要作用**　一是促进母株旺盛生长，早生、多生匍匐茎，提高秧苗产量和质量。二是打破植株休眠，促进生长，提早成熟，提高产量。露地栽培草莓一般在展叶期至现蕾初期喷施赤霉素，浓度为 3～5 毫克 / 千克，施用后可提早采收 7 天左右，产量增加 10% 左右。

**（2）注意事项**　一是赤霉素不溶于水，可用酒精或高度数白酒溶解，一般1克赤霉素用50克白酒或酒精溶解。二是赤霉素可与中性或酸性农药混用，遇碱性物质和高温时容易分解，因此赤霉素不宜与碱性药物混用，并且需在低温干燥条件下保存。三是赤霉素水溶液容易失效，应现配现用。如果配制好的母液在常温下放置超过半个月，最好不要再使用。四是要选择在晴天中午温度高时喷施赤霉素，重点喷心叶，喷施雾滴要细、要均匀。五是当赤霉素使用过量时，可根据具体情况喷施多效唑来抑制徒长。如当赤霉素使用量超过正常使用量的2倍左右时，可用多效唑600～1 000倍液进行抑制。

**6. 培　土**

草莓植株新根发生部位随着新茎生长部位升高而逐年上移。母株根状茎上移，导致须根暴露在地面，影响植株生长发育和对养分的吸收，甚至导致植株干枯死亡。因此，多年一栽制的草莓园，在采果后新根大量发生前，可结合中耕除草进行培土，以利于新根生长。培土高度以露出苗心为宜。

**7. 病虫害防治**

露地栽培草莓主要病害有褐斑病、蛇眼病、炭疽病、枯萎病、灰霉病等。主要虫害有蚜虫、红蜘蛛、白粉虱、金龟子、草莓卷叶蛾等地上虫害和地老虎、蛴螬、蝼蛄等地下虫害。病虫害发生规律及防治方法详见第六章。

# 四、草莓防寒管理

**1. 越冬管理**

草莓在深秋后逐渐进入休眠，叶柄变短，叶片变小。在我国北方，冬季寒冷多风、干旱少雪，草莓一般不能露地安全越冬，必须进行覆盖防寒。华北地区在11月中下旬进行覆盖防寒，偏北的地区稍早些，偏南的地区稍晚些。覆盖不宜过早或过晚，覆盖过早，气温偏高，容易造成烂苗；覆盖过晚，植株容易发生冻害。在覆盖防寒物前先浇一次防冻水，要浇透、浇足。

覆盖材料以塑料地膜为主，寒冷地区还可以覆盖各种作物秸秆、树叶等，但不要用带种子的杂草，以防发生草害。如果用土覆盖，最好先覆盖一层3～5厘米厚的草或秸秆，然后再覆土，这样春季撒土时操作方便。采用平畦种植的草莓，可先将地膜平铺在畦面，再用土将四周的地膜压严、压紧，畦面宽时，膜上要适当用小土堆压住，以防大风刮起或刮坏地膜。高垄种植的草莓，可将地膜覆盖在垄面上，根据膜宽在垄沟内压土。地膜覆盖不但能使草莓安全越冬，保墒增温；而且能使越冬苗绿叶面积达80％以上，春季植株返青快，浆果提早成熟7～10天，增产20％左右。

翌年春季土壤开始解冻后，分2次撤除覆盖物。第一次在平均气温高于0℃时进行，主要是撤除上层已解冻的覆盖物，以利于下层覆盖物解冻。第二次在植株萌芽前进行，需将覆盖物全部撤除，之后把枯枝烂叶清除干净，集中烧毁或深埋，以减少病虫害。覆盖地膜越冬的草莓园，撤膜时间应根据早春气候条件而定，温度回升快可适当早些，温度回升慢要适当晚些。撤膜过早气温和地温较低，植株返青较慢，开花结果较晚，成熟期晚；撤膜过晚容易造成徒长，损伤新叶，甚至出现膜下开花现象，造成授粉不良，影响产量。撤膜后要及时中耕松土，提高地温并保墒，促进植株生长发育。

**2. 防晚霜危害**

春季草莓开始萌芽生长后，对低温非常敏感，-1℃即可造成植株轻微冻害，-3℃时受冻害严重。幼叶受冻后，叶尖和叶缘变成黄色，严重的茎叶变红。开放的花朵遇到低温，花瓣变红，受冻轻时，部分雌蕊变成褐色，形成畸形果；受冻严重时，雌蕊变成黑色，不能正常发育成果实。幼果受冻后呈水渍状，停止发育。早开的花质量好，结果大，但容易受晚霜危害，造成大型果损失，影响产量和效益。

在晚霜发生频繁的地区，要栽植中晚熟品种，尽量不种早熟品种。早春延迟去掉覆盖物，以免返青生长早而受到霜冻危害。土壤状况与晚霜的危害程度有关，干燥而疏松的土壤由于热容量小、导热率差，白天土壤中积累的热量少，夜间从深层土壤中获得的热量较少，地面温度变化缓冲性能差，容易出现晚霜危害；潮湿而不太松散的土壤正好相反，可减轻晚霜危害。地膜覆盖栽培可选用双重覆盖减轻晚霜危害，方法是先用黑色地膜覆盖地面，掏出草莓植株，然后再用透明白色地膜覆盖植株。在草莓开花前一般不揭膜，使土壤增温保湿加速植株生长。开花后，白天揭去透明膜，夜间再覆盖保温，直到最低温度稳定在5℃以上时，不再覆盖透明膜。此外，遇到短期特大寒流时，可以用塑料薄膜、草苫或其他覆盖物进行临时覆盖，或在上风向用砻糠、柴草、锯末等阴燃熏烟。

# 五、草莓间作、轮作和套种技术

草莓间作、轮作和套种技术是通过绿色植物的合理组合，充分利用光、温资源，挖掘土地潜力的一种增产手段，也是保证草莓连年获得稳产高产和周年均衡供应的重要技术措施之一。具有以下优点。

第一，可以充分利用光温资源，提高复种指数和土地利用率，增加综合经济效益。草莓植株矮小，根系分布浅，生产周期短，可与水稻、棉花、果树、蔬菜等许多作物间作、轮作或套种，相互之间争光争肥少，可增加综合经济效益。

第二，有利于改善农业生态环境。如果常年栽种单一作物，土壤肥力会下降，生物多样性会消失，病虫害也会加重。草莓间作、轮作或套种，鲜草莓植株可作为有机肥还田，提高土壤有机质。据研究，草莓鲜草产量很高，每667米$^2$可达2500千克，其含氮率达2.3%左右，翻埋入土腐熟后不仅能使后茬增产，还能培肥地力。

第三，有利于克服草莓连作障碍，减少病虫害发生。草莓连作容易造成土壤中某种养分亏缺，过多施用化肥还易导致土壤盐分积累过多、土壤理化性状恶化，致使草莓生长不良。通过间作、套种和水旱轮作，可改变土壤理化性状和微生物群，增加有机质含量，克服连作障碍，减少病虫害的发生。

第四，能避免草害的发生。草莓与其他作物进行间作、轮作或套种时，耕作管理措施不完全相同，这样可以破坏杂草与各种作物的伴生关系，减少草害的发生。

**1. 木本果树—草莓间作**

通常选择在苹果、梨、柑橘等果园行间栽种草莓，达到以短养长的目的。间作时要给果树留出 0.8～1 米的营养带，并按照各自栽培要求加强管理。行间草莓最好采用高垄栽培，果园病虫害防治应避开草莓采收期用药。选择在幼树期间作，当果树进入结果期后停止间作。此外，由于草莓与桃树有共同的病虫害，切忌草莓与桃树间作。

**2. 葡萄—草莓间作**

草莓适宜与篱架模式种植的葡萄间作，这样可以高矮结合，充分利用土地和空间，获得高产高效。

（1）**整地施肥** 用于葡萄和草莓间作的果园，应选择土质肥沃、地势平坦、排灌方便的地块。前茬作物收获后，施足基肥，通常每 667 米$^2$ 施腐熟堆肥 2 000～3 000 千克、磷酸钙肥 50～75 千克，施肥后深翻 20～30 厘米，整地做畦。

（2）**选种育苗** 草莓应选择品种优良纯正、具有 4～5 片叶、叶柄短（15 厘米以内）、根径约 1 厘米的无病虫害的健壮苗。葡萄应选择品种优良纯正、须根多、根茎粗、芽眼饱满、无病虫害的健壮苗。

（3）**栽植** 间作果园的畦以南北向为宜。每 3 个小畦为 1 组，组成 1 个大畦，宽约 2.5 米，小畦弓形，大畦间沟深约 40 厘米。

中间的小畦种葡萄，每畦栽种 1 行，株距 100 厘米；两边的 2 个小畦种草莓，每小畦栽植 2 行，株距 20 厘米，行距 40 厘米。10 月份栽种草莓，翌年 2 月份栽种葡萄。

（4）田间管理　草莓栽植后进行常规管理。草莓采收结束后，可将葡萄畦两侧小畦内的草莓去除一部分，通常是去除离葡萄畦近的 1 行，留离葡萄畦远的 1 行用来繁殖草莓苗，用于 10 月份定植。也可将葡萄畦两侧小畦内的草莓植株全部去除，10 月份定植新苗。

**3. 水稻—草莓轮作**

水稻产区常用的一种轮作形式。

（1）**贵州省各地采用的方法**　选用优良中早熟水稻品种，当水稻散籽变黄时，放干稻田的水，水稻收获后结合犁地每 667 米$^2$ 施充分腐熟有机肥 4 000 千克、三元复合肥 50 千克，整地做高垄。草莓选用全明星、鬼怒甘等品种，整地后 10 月上旬定植，株行距 20 厘米×25 厘米，每 667 米$^2$ 定植 6 000～8 000 株，定植后加强管理，促进成活。入冬前草莓园进行松土、除草，浇足入冬水，施肥并覆盖白色地膜，使草莓在膜下越冬。翌年阴历 1 月 15 日左右破膜提苗，加强管理，4 月中旬果实上市，5 月底采果结束。草莓采收后，将草莓植株翻入土中作为绿肥，灌水沤 7 天后整地栽水稻。

（2）**河南省信阳等地采用的方法**　水稻收割后于 9 月上中旬整地做高垄，每 667 米$^2$ 施碳酸铵和钙镁磷肥各 40 千克，按株行距 15 厘米×30 厘米定植，每 667 米$^2$ 栽 13 000 株左右。草莓采收后，把植株翻入土中作为绿肥，灌水沤 7 天后整地栽水稻。

**4. 草莓—中稻—甘薯轮作**

该形式多在四川内江、宜宾和贵州习水、凯里等地采用。11 月份整地施基肥，做高垄，挖穴栽植草莓。翌年 2 月底或 3 月初，喷施 50 毫克/千克赤霉素溶液，促进花茎伸长。3～4 月份喷施 2 次 200 倍等量式波尔多液，防治灰霉病、黑霉病。4～5 月份注意排水，整个生长期及时去除匍匐茎、老叶、病叶等。5月上中旬草莓果实采收后翻入土中作为绿肥，整地后6月初完成中稻种植，8月上旬中稻收割后种植甘薯，11月份收获甘薯后再种植草莓。

### 5. 草莓—生姜轮作

选择土壤肥沃、排灌方便、中性或微酸性的壤土进行种植。草莓选用生长势强、果实品质优良、丰产抗寒的品种；生姜选用生长势强、分枝多、根茎肥大、产量高、品质好的品种。

前茬作物收获后，施足基肥后整地做畦，畦宽180厘米，畦埂宽30厘米，畦面宽150厘米。10月上旬定植草莓，株行距20厘米×60厘米。11月中旬覆盖地膜，翌年3月上旬破膜提苗，4月下旬草莓果实开始采摘。立夏前当草莓有80%的果已成熟上市时，整理好草莓行间的枝蔓，露出地面，然后开沟施肥播种生姜。生姜株距13～14厘米，行距60厘米，初霜来临前采收生姜。

### 6. 草莓—西瓜—晚稻间套作

该形式多在浙江省宁海县等地采用。10月中旬，最晚在11月中旬前栽植草莓，采用弓形高垄栽植模式，垄宽120厘米，垄沟宽30厘米，垄沟深25厘米，栽植株行距20厘米×40厘米，每667米$^2$栽假植苗5 400株，留60厘米宽的行套种西瓜，12月下旬覆盖地膜。草莓生长期间追施3次肥，第一次在12月上旬，第二次在第一级序果开始采果时，第三次在采果盛期，追肥要结合浇水。前2次追肥每次每667米$^2$施多元复合液体冲施肥10千克，第三次每667米$^2$施磷钾肥20千克，并叶面喷施0.3%～0.5%磷酸二氢钾溶液。翌年4月上旬开始采摘草莓，5月下旬采收结束。

西瓜在4月上旬育苗，5月上旬套种到草莓行间，每667米$^2$栽222株，7月中下旬即可采收。西瓜生长期间适当补充肥料，其中农家肥占施肥量的1/2，每收获50千克西瓜果实，需补充纯氮 92 克、五氧化二磷 19.5 克、氧化钾 99 克。另外，注意防治炭疽病、枯萎病等病害。

7 月下旬移栽晚稻，栽植株行距 20 厘米 × 17 厘米，10 月中旬收割。在此期间施肥以农家肥为主，每 667 米² 施用量不少于 2 500 千克，其中基肥占 50%、苗肥占 15%、拔节肥占 10%、穗肥占 25%。另外，在管理时注意防死苗，促分蘖。

### 7. 草莓—棉花套种

该形式多在江苏、河南、四川等省采用。11 月上旬栽植草莓，栽植畦宽 100～120 厘米，畦沟宽 25 厘米，畦两边各栽 1 行草莓，畦中间套种 2 行棉花。翌年 2 月上中旬用地膜覆盖草莓，3 月上旬破膜提苗，草莓初花期适当追肥，每 667 米² 可施三元复合肥 8～10 千克。5 月上旬采果前栽植棉花苗，行距 35 厘米，草莓与棉花间行距 25 厘米。5 月下旬草莓采收后翻入土中作为绿肥。棉花采收后，11 月上旬拔除棉花秆，整地施肥做畦，再栽植草莓。

# 第五章
# 草莓设施栽培技术

## 一、草莓设施栽培方式

**1. 促成栽培**

人工条件下抑制植株进入休眠,使其继续生长发育,促使花芽分化,提早开花结果,实现秋末冬初(11～12月份)开始采收上市,直到翌年6月初不断采收商品果的栽培方式,包括北方日光温室促成栽培和南方大棚促成栽培。该栽培模式产量高,品质优,成熟期早,效益好;但成本较高,管理技术要求严格。

促花育苗和抑制休眠是促成栽培的关键技术。促成栽培应选择休眠浅或较浅、成花容易、花期对低温抗性强的优良品种。促花育苗的方法有移植断根育苗、营养钵育苗、利用山间谷地育苗、遮阴育苗、高冷地育苗和冷藏育苗等。抑制休眠的方法有提早保温、加温、光照或赤霉素处理等。也可假植育苗结合适当早定植,在花芽分化前控氮、摘叶,促进秧苗提早开始花芽分化。

**2. 半促成栽培**

在草莓植株基本通过自然休眠,但又未完全解除休眠时,采取强制增温保温措施,促进植株生长和开花结果的栽培方式。我国北方地区多采用日光温室和大、中、小拱棚进行半促成栽培,长江流域及其以南部分地区多采用塑料大棚进行半促成栽培,四川等地多采用小拱棚进行半促成栽培。半促成栽培的特点是,在满足草莓自然休眠所需低温量或打破休眠之后，进行人工保温，促使植株开花结果，提早成熟。

打破植株休眠是半促成栽培的关键技术措施。打破休眠的主要条件是低温和长日照，生产中要因地制宜地采取破眠技术。例如，在低温充足的北方，可采用喷施赤霉素的方法打破休眠；在低温不足的南方，可采用植株冷藏、遮光或高冷地降温处理等方法打破休眠。此外，还要因品种而异，休眠深的品种，需要经过充足的低温处理才能打破休眠，如果再加上长日照处理更有利于打破休眠；而休眠浅或休眠较浅的品种，只需喷赤霉素即可打破休眠。

### 3. 抑制栽培

将草莓长期置于冷藏条件下延长其被迫休眠期，在适宜时期定植并促进其生长发育的栽培方式。抑制栽培对生产条件和设备要求较高，实际生产中应用较少。草莓抑制栽培可以通过调整定植时间进而调节果实成熟期，实现周年供应。例如，在河北省的张家口坝上地区和承德围场地区，利用夏季温度冷凉且昼夜温差大的优势，进行抑制栽培取得了良好的效果，获得了较高的经济效益。

植株冷藏是草莓抑制栽培的关键技术措施。一般在早春土壤解冻时把植株放入冷库进行低温贮藏，起苗后洗净植株上的泥土，摘除基部老叶，保留 3 片叶，在阴凉处适当风干后装箱入库，适宜的冷藏温度为 -2℃～0℃。生产中可根据草莓成熟期安排秧苗出库定植时间，出库通常选择在傍晚进行，出库后先放置 1 夜，经流水浸根后定植。

### 4. 无土栽培

无土栽培也称营养液栽培，即不用天然土壤而用基质，或仅在育苗时用基质，定植以后用营养液浇灌的栽培方式。营养液可以代替土壤，向植物供应水分、养分和氧气，并保持一定的温度等，使其能够正常生长发育。

无土栽培需在日光温室、塑料大棚或防雨棚等保护设施内进行，其优点是产量高、品质好、节约水分和养分、避免土传病害和连作障碍、不受地区和季节限制、易管理、便于生产无公害和有机果品。

无土栽培的生产设备包括栽培床、基质、灌溉系统和自动化控制系统等。栽培床是植物根系生长的地方，有栽培槽和栽培袋两种，里面盛装栽培基质和营养液。栽培基质是具有一定大小并有良好透气性和保水性的颗粒，主要有草炭、锯末、树皮、炭化稻壳、岩棉、珍珠岩、蛭石和炉渣等。灌溉系统一般采用滴灌或微喷灌，可将营养液或水浇灌到栽培床中。无土栽培的营养液必须是根部可以直接吸收的状态，同时要含有植物生长所需要的全部营养元素，各种元素之间比例均衡，总盐分含量及酸碱度要符合植物生长的要求。

## 二、设施类型、构造和环境调控

### 1. 日光温室

建造日光温室，应综合考虑当地纬度、太阳入射角度、气候条件等因素，总体要求是具有良好的采光、增温和保温性能，一般单栋温室占地 $333 \sim 667$ 米$^2$。日光温室由墙、前屋面、后屋面、防寒沟、地基、条形基础、通风口和工作间等组成，温室后屋面为保温墙体，前屋面用塑料薄膜作为透明保温覆盖材料，用竹木、钢筋材料作为骨架支撑塑料薄膜。日光温室基本不用人工加热，主要依靠白天积蓄太阳能、夜间保温来保持植株生长所需温度。日光温室东西走向，坐北朝南，一般在北纬 $40°$ 左右地区以正南方位角为宜；北纬 $40°$ 以南地区，以南偏东 $5°$ 为宜，这样太阳光线可提前 20 分钟与温室前屋面垂直，有利于室内温度提高和植株光合作用；北纬 $40°$ 以北地区，则以南偏西 $5°$ 为宜，这样太阳光线与温室前屋面垂直时间可延长 20 分钟，有利于夜间保温。

**（1）日光温室结构类型**

①竹木结构日光温室 以竹竿为屋面骨架，圆木或钢筋混凝土构件为立柱，后墙为土墙，用作物秸秆、垫土、麦草泥等做成后坡。温室中脊高2.2～2.4米，跨度5～6米，后墙高1.5～1.8米，后屋面长1.7米，水平投影1.2米。用细竹竿或毛竹片搭建前屋面拱棚，用粗毛竹或圆木拉5～6道拉杆，拱架间距0.6～0.8米。沿温室跨度方向自南向北设3排立柱，分别为前柱、腰柱和中柱。沿温室延长方向设立柱，立柱间距3～4米。

该温室建造成本低，但立柱多，机械作业不方便，且影响室内光照，后墙和后坡使用寿命短。

②钢筋结构日光温室 温室骨架用钢筋焊接而成，将前屋面拱架与后屋面檩连接成一体，温室内没有立柱。温室跨度5.5～6米，中脊高2.4米，后屋面水平投影1米左右。后墙可选用砖砌的单质墙体或用两侧砖砌墙体中间夹填充材料组成的异质复合墙体，墙体高度1.6米左右。

该温室具有空间大、光照好、便于机械作业等优点，但建造成本高。

③砖钢架结构日光温室 用钢筋或钢管焊接成双弦式拱架，拱架下端固定在前底脚砖石基上，上端搭在后墙上，后墙用砖砌成空心墙。跨度6～7米，脊高2.8～3.2米，后墙高2.2米、厚0.5～0.6米，下部1/2处铺炉渣作为保温层，拱架由3道通梁横向拉接，拱架间距0.6～0.8米。通风换气口设在保温层上部，每隔9米左右开设1个。

**（2）日光温室结构组成**

①墙 墙是日光温室的围护结构，也是防寒保温的重要屏障，可有效阻隔室内热量的散失，主要由东、西山墙和后墙组成，可用砖砌成或用土筑成。不同地区对墙体厚度要求不同，一般北纬35°左右的地区，土墙厚度以0.8～1米为宜，砖墙最好为0.4～0.5米厚的空心墙，墙内填充珍珠岩、干土等；北纬40°

左右地区土墙厚度（包括墙外侧的防寒土）以 1～1.5 米为宜，必要时可在外侧堆农作物秸秆以增强防寒效果。白天当太阳照射在墙体上时，它可将热贮存起来，夜间作为热源输送到室内空气中。因此，可以采用异质复合墙体，即墙体内侧选择红砖、石头等蓄热性能好的材料，中间选用炉渣、珍珠岩、干土、聚苯泡沫板等隔热性能好的材料，外侧选用放热性能较小的材料。同时，还可将墙体内侧涂白，增加室内反射光，改善光照状况。

②后屋面　也叫后坡、后屋顶，主要起到阻止室内热量散失、防寒保温的作用。可选用保温性能较好的秸秆、草泥、稻壳、玉米皮及稻草作为后屋面材料，厚度一般在 40～70 厘米。但必须注意后屋面的水平投影长度和仰角，否则会严重影响室内进光量。通常北纬 40°以北地区，跨度为 6 米的温室，其后屋面水平投影长度不宜小于 1.5 米；北纬 40°以南地区，跨度为 7 米的温室，其后屋面水平投影长度不宜小于 1.2 米。后屋面仰角是指后屋面与后墙水平交接处形成的角度。理论上说，仰角越大，光线进入越多，但仰角过大，将减少后屋面水平投影长度，进而影响其保温效果；仰角过小，则会阻碍光线进入，减小其蓄热的作用，因此后屋面的仰角以大于当地冬至太阳高度角 7°～8°为宜。另外，后屋面还需有足够的强度，用以承受管理人员和防寒覆盖物的重量。

③前屋面　也叫前坡、透明屋面，是由骨架和透明覆盖材料组成。骨架可选用竹竿、竹片或钢筋等材料。采用竹竿或竹片作为骨架，室内需要立柱支撑骨架，影响室内受光且不便于操作。采用钢筋作骨架，材料强度大，可以不设立柱，便于操作管理和充分利用空间，但前期投资较大。透明覆盖材料多用塑料薄膜。前屋面是日光温室采光的主要部位，必须有合理的形状和角度。前屋面的形状有半拱圆形、椭圆拱形、两折式、三折式等，其中半拱圆形采光较好。前屋面的角度因其选用的形状而异，如半拱圆形屋面的底脚处的切线与地面的夹角为 55°～60°或 60°～70°，拱架中段南端起点处的切线角为 25°～30°或 30°～40°，拱架上

段南端起点处的切线角为 10°～15°。前屋面也是日光温室热量散失的主要部位，所以也是防寒保温的重点部位。前屋面还必须有足够的强度，用以承受风雪和防寒覆盖物。

④立柱　竹木结构的日光温室中设有多排立柱。前屋面下面 1～2 排为前柱，立于屋脊的为中柱。中柱既要承受前屋面的重量，又要承受后屋面的重量和外在所有负荷，所以设计要合理、选材要结实，否则温室容易倒塌。

⑤基础　包括立柱底座和墙基。为使立柱稳固，在其埋入地下的一端要用水泥浇筑或砖砌成立柱的基础，并将立柱牢固连接在基础的中央。日光温室的东、西山墙和后墙要有墙基，砖石结构的墙体，墙基一般深 50～60 厘米，宽度不小于墙宽，可用石头、沙子和水泥混合浇筑而成。

⑥防寒沟　为防止土壤温度向外传递，提高地温，应在温室内边沿挖防寒沟，还可以将南边沿的防寒沟建成储水蓄热防寒沟。具体方法：在温室内前沿挖一条深 50 厘米、宽 40 厘米的沟，用旧薄膜将沟底、沟沿全部覆盖严密，再在沟内铺一条直径为 40 厘米的塑料膜管，长度与温室长度相同。铺好后把塑料膜管的一端开口用细绳缠紧，并垫高使其高出地面，再从另一端开口灌满水，然后将开口用细绳缠紧垫高，防止开口向外漏水。管子内放满水，水白天吸热，不会让棚内前沿的温度过高；晚上，管子里的水将白天蓄积的热量散发出来，起到提高温室内前半部温度的效果。此外，还可利用管中的水进行灌溉，因为管中的水是温水，用来灌溉不会降低地温。东、西山墙和后墙处沿墙各挖一条深 40 厘米、宽 20 厘米的沟，沟内填满麦糠、秸秆或碎草，踏实，不用覆盖地膜。这些草既可防止热量外传，又可以起到吸潮、降低湿度、减少病害发生的作用。草吸潮后进行发酵，可以释放二氧化碳，解决棚内二氧化碳不足的问题。所以，防寒沟一定要设在温室内，不要设在室外，山墙和后墙均要设置。

⑦通风口　日光温室通过自然通风换气，可以起到降温、降

湿、排除有害气体和补充二氧化碳等作用。通风口一般设在前屋面,风口分为上、下两排,上排在距离屋脊约 50 厘米处,下排在距离地面 1～1.2 米处,风口处用 2 块塑料薄膜重叠 20～30 厘米,以防跑风。需要通风时在通风口处扒缝通风,当春季通风量不足时,还可撩起前屋面下端的棚膜通底风。此外,温室大多在后墙中上部还设置通风窗,其大小为 36 厘米×36 厘米或 42 厘米×42 厘米,每隔 3 米设 1 个。

⑧门 温室的门一般开在背风面的山墙上,最好在开门的一端加设缓冲室,避免冷风直接进入室内,同时还可用以存放工具、工作人员休息等。

⑨保温覆盖物 为减少前屋面散热,提高室内温度,通常夜间要在前屋面覆盖一层防寒保温材料。目前,生产中普遍使用的是质地轻、防寒能力强、防水的复合保温被,配以机械卷帘设备,使日光温室的保温作业实现了机械化和自动化。

**(3)日光温室环境特点及调控**

①温度 日光温室内气温的季节变化受室外气温变化的影响,但总体而言室内月平均温度明显高于室外。北方地区室内外温差最大值出现在最寒冷的 1 月份,以后随着外界气温的升高和通风量加大,室内外温差逐渐缩小。

温室内气温日变化受天气条件和管理措施影响。晴天室内气温日变化剧烈,昼夜温差大,室内最低气温出现在刚揭开保温覆盖材料后,之后随着太阳辐射的增强,室内气温急剧上升,上午 11 时前升温最快,在密闭条件下每小时最多可以上升 6℃～10℃,这段时间也是温室温度管理的关键期。下午 1 时气温达到一天中的最高温,以后开始逐渐下降,下午 3 时以后下降速度加快,直至覆盖保温材料后温度下降停止。此后,气温短时间内回升 1℃～3℃,之后平缓下降,直至第二天早晨揭开覆盖材料前,温度降至最低。阴天由于光照不足,室内气温增加幅度小,日变化平缓,昼夜温差小。

日光温室内气温空间分布不均匀。垂直方向上，在不通风的情况下，在一定范围内气温随着高度的增加而上升。水平方向上和东西方向温度差异较小，但在靠近通风口处温度最低；南北方向温度差异较大，以中部最高，向南北方向分别递减，白天南部高于北部，夜间南部低于北部。

日光温室内地温显著高于室外。室内地温的日变化趋势与气温日变化趋势基本一致，但最高地温和最低地温的出现时间晚于气温，地温变化幅度也比气温小。室内地温空间分布不均匀，垂直方向上，晴天白天地面温度最高，随着土壤深度增加而递减，夜间地表10厘米处地温最高，由此向上、向下递减；阴天地温随土壤深度的增加而上升。南北方向上，地温高温区域出现在室内距离后墙3米处，由此向南、向北递减。东西方向上，地温差异主要受山墙遮阴、边际效应和门的影响，如靠近门的地方，地温差异较大。

②光照　日光温室内光照强度的季节变化和日变化趋势与室外基本一致。但由于温室拱架的遮阴、棚膜的反射及遮挡，室内光强明显小于室外。温室内光照强度空间分布不均匀，南北走向的温室，南部光照最强，中部次之，北部靠近墙的地方最弱。东西走向的温室，中部受光最好，东西两端由于山墙的遮阴，午前和午后分别出现2个弱光区，正午消失，温室越长这种影响越小。垂直方向光照强度差异较大，通常越靠近薄膜光照强度越大，向下逐渐递减，一般靠近薄膜处相对光照强度为80%，距离地面0.5～1米处为60%，距离地面0.2米处仅有55%。

日光温室的光照时间除受外界光照时间的制约外，更多的是受管理措施的影响，如冬季为了室内保温，保温覆盖材料通常要晚揭早盖，人为地延长了室内黑夜时间。

③湿度　日光温室密闭性强，室内空气相对湿度大，白天多在70%以上，夜间常保持在90%～95%，甚至达到100%。温室内气温是影响空气湿度的主要因素，白天室内温度高，湿度下

降；夜间室内温度低，湿度升高。

④气体　在密闭的温室内，对草莓生长影响较大的气体主要是二氧化碳和一些有害气体。

温室内二氧化碳浓度影响植株光合作用，一天中的变化规律是早晨揭开保温覆盖物时含量最高，达 1%～1.5%。此后浓度迅速降低，如果不通风到上午 10 时左右二氧化碳浓度降至最低，仅有 0.01%，低于自然界大气中二氧化碳浓度（0.03%），抑制植株光合作用。改善温室内二氧化碳浓度的措施有通风换气、增施有机肥、燃烧碳酸燃料、施用二氧化碳固体或液体肥等。

日光温室中的有害气体包括氨气、二氧化氮、二氧化硫、一氧化碳、乙烯、氯气等，主要有害气体对草莓的危害及预防方法如表 5-1 所示。

表 5-1　主要有害气体对草莓的危害及预防方法

| 项目 | 来源 | 危害症状 | 预防方法 |
|---|---|---|---|
| 氨气 | 施肥 | 叶片边缘失绿干枯，严重时自下而上叶片呈水渍状，之后失绿变褐干枯 | 加强通风。深施充分腐熟的有机肥，不用或少用化肥。挥发性强的化肥要深施，施肥后及时浇水。覆盖地膜，可减少有害气体释放 |
| 二氧化氮 | 施肥 | 中部叶片受害严重，气孔部分先变白，然后除叶脉外，整个叶片被漂白、干枯 | |
| 二氧化硫 | 燃烧 | 中部叶片受害严重，叶片背面气孔部分失绿变白，严重时整个叶片变白干枯 | 采用火炉加温时选用含硫低的燃料，并保证燃烧物充分燃烧，密封烟道，严防漏烟。采用木炭加温时要在室外点燃后再放入温室内 |
| 一氧化碳 | 燃烧 | 叶片白化或黄化，严重时叶片枯死 | |
| 乙烯 | 塑料制品 | 植株矮化，茎节粗短，叶片下垂、皱缩、失绿甚至变黄脱落，落花落果严重，果实畸形 | 选用无毒塑料薄膜和塑料制品，温室内不放塑料制品、农药化肥和除草剂等 |
| 氨气 | 塑料制品 | 叶片边缘和叶脉间叶肉变黄，后期变白枯死 | |

### （4）日光温室环境调控设备

①温控设备　包括保温设备、加温设备和降温设备。研究发现，日光温室通过覆盖材料传导损失的热量占总散热量的70%左右，通过通风换气和冷风渗透损失的热量占20%，通过土壤传导损失的热量占10%。因此，日光温室保温的主要途径是增加围护结构的热阻，最大限度地阻止热传导，减少通风换气和冷风渗透，减少土壤传热。

第一，保温设备。一是外覆盖保温材料。主要是覆盖在塑料棚和日光温室前屋面的外表面，如保温被，其内部填充物为棉絮或纺织厂下脚料，外面包被有防水材料，重量轻、保温性好、不怕雨水淋湿。二是保温幕。在设施透明覆盖材料下面再用无纺布、聚乙烯薄膜等加设1～2层保温幕，层间距15厘米，白天打开进光，夜间密闭保温。保温幕的密闭性决定了其保温效果，尤其是上部接合处和四周底角处不能留有缝隙，因此可在保温幕的接合处重叠30厘米左右。三是小拱棚。在设施内草莓上方增设小拱棚，可提高气温3℃～4℃，但会使光照减弱30%左右，因此应在小拱棚内用灯光进行补光。四是围裙。在设施的外围结构墙体上，从地表以上50～60厘米处加盖保温材料。五是门帘。将塑料薄膜、草苫或棉被等悬挂在温室门上，阻挡人员进、出门时冷风吹入。

第二，加温设备。一是热水加温。温室内铺设热水管，利用60℃～80℃热水循环散热加温。热水可通过锅炉加热获得，或直接利用工业废水。热水加温可使温度保持稳定，且室内温度均匀，适用于温室，尤其是大型温室长时间加温。二是蒸汽加温。用100℃～110℃的蒸汽通过放热气管加温。放热气管采用排气管或圆形管，将其置于设施内四周墙上或植物台下，避免影响光照。蒸汽加温预热时间短，容易调节温度，但成本较高，且靠近植物处容易造成热伤害。适用于小型温室短时间加温。三是热风加温。将加热后的空气利用风管直接送入设施内。

适用于小型温室或短时间加温。四是电热加温。利用电热线和电暖风加温。将电热线安装在土壤中或无土栽培的营养液中，用以提高土壤温度，改善根部环境。电暖风是将电阻丝通电发热后，用风扇把热能迅速吹出。五是太阳能蓄热加温。即将温室内白天多余的太阳能热量储存起来，夜间释放出来以补充夜间热量的不足，是新型的环保节能加温方式。一般用水作为太阳能的蓄热体，或利用氯化钙、硫酸钠等盐类溶解时吸热、凝固时放热的原理，白天蓄热，夜间放热。适用于光照资源充足的地区。

第三，降温设备。一是遮光降温设备。包括白色涂层（如白色乳胶漆、石灰水等）、遮光材料（如遮阳网、无纺布等）和屋面流水等。研究发现，在设施屋顶涂白，可以阻挡中午前后的太阳直射光，遮光率在10%左右，起到降温的作用。而覆盖遮阳网等遮光材料，遮光率达50%～55%，可降低室温3.5℃～5℃。通过屋面流水，可以遮光25%左右，室温降低3℃～4℃。二是通风降温设备，包括自然通风和强制通风。自然通风就是利用设施的通风口、通风窗、天窗等设备进行自然换气，主要用于高温、高湿季节的全面通风和寒冷季节的微弱换气。但在盛夏季节需要蒸发降温或高温季节无法通风的情况下，自然通风不能满足温室内植株生长的需要，可利用通风设备进行强制通风。通风设备包括风机、进风口、风扇或导风管等，其布置形式有山墙面换气、侧面换气、屋面换气和导风管换气等。三是蒸发降温设备。主要是利用水分蒸发吸收大量的热，从而降低室内温度，实际操作中常结合强制通风来提高蒸发效率。主要包括湿垫风机降温、细雾排风和屋顶喷雾—水膜降温系统。

湿垫风机降温就是在温室北墙上安装湿垫，水从上往下流；南墙上安装排风扇，抽气形成负压，室外空气在穿过湿垫进入室内的过程中，由于水分蒸发吸收热量而降温。该方法降温速度快，降温幅度大，适用于夏季气温高且干燥的地区。

细雾排风就是在作物层 2 米以上的空间喷直径小于 0.05 毫米的悬浮性细雾，通过细雾蒸发，对流入的室外空气加湿冷却，抑制室内空气的升温。细雾排风设备喷出的细雾在未到达植株叶片时已气化，不会弄湿植株，既可减少病害发生，又节约用水。该方法适用于夏季气候较干燥的地区使用。

屋顶喷雾—水膜降温系统就是在温室屋顶外张挂 1 个幕帘，上面安有喷雾装置，未气化的水滴沿屋面往下流，顺着排水沟流出，起到降低屋面温度的作用。该方法是通过屋面对流换热来降低室内空气温度，既不增加室内湿度，又利于温度分布均匀。

②光控设备

第一，遮阳网。遮阳网可用黑色塑料编织而成，也可做成双层的，外层为银白色网、具有反光性，内层为黑塑料网用以遮挡阳光和降温。其颜色、网孔大小和纤维线粗细决定了遮光率，一般为 25%～75%。遮阳网可以覆盖在温室或大棚骨架上，或直接置于玻璃或塑料薄膜上用于外遮阴，或用于温室内进行内遮阴。

第二，人工补光设备，主要是电光源，理想的电光源应有一定的强度和一定的可调性。常用的补光光源有白炽灯、荧光灯、高压汞灯、金属卤化物灯、高压钠灯等，补光量应根据植物种类、生长发育阶段及补光目的来确定。

第三，反光设备。合理利用室内反射光，不仅能增加光照强度，还能改善光照分布。最简单的做法就是在室内建材和墙上涂白，在日光温室的中柱和北墙上挂反光板，在地上铺反光膜。据测定，反光板可使温室内光照量比普通温室高 1 倍，甚至比室外光强高出 10%～20%。反射光的有效距离大约能达到离反射板 3 米以内，距反射板越远，增光效果越差。不同季节增光效果也不同，冬季太阳高度角小，室内光照弱，增光效果高于春季。

③灌溉设备

第一，滴灌。包括贮水池（槽）、过滤器、水泵、肥料注入器、输入管线、滴头和控制器等。滴头要与植株根基保持一定距离，以免根际过湿引起腐烂，地膜覆盖栽培时，可先将滴灌系统铺设好后再覆膜，进行膜下滴灌。

第二，渗灌。将带孔的塑料管埋设在地表下10～30厘米处，通过渗水孔将水送到根区，借助毛细管作用自下而上湿润土壤。

**2. 塑料大棚**

是用塑料薄膜覆盖的一种大型拱棚，结构简单，建造和拆装方便，造价低，空间大，作业方便。生产中常利用塑料大棚进行草莓半促成栽培和促成栽培。

**（1）塑料大棚的结构类型** 根据骨架材料可分为竹木结构大棚、钢架无柱大棚、钢管装配式大棚；根据屋面形状可分为圆拱形大棚和屋脊形大棚；根据棚数量可分为单栋大棚和连栋大棚。草莓栽培常用单栋圆拱形大棚。

①竹木结构大棚 长度50～60米，跨度8～12米，脊高1.8～2.5米。用竹竿作拱架，拱架间距1米，用粗竹竿、木杆或水泥柱作立柱，共设6排立柱支撑拱架，立柱间距2～3米，棚面形成拱圆形。立柱埋入地下50厘米，垫砖或绑横木，夯实。用铁丝把拉杆固定在立柱顶端下方20厘米处。扣膜后2个拱架之间用压杆或压膜线压好。

该棚具有取材方便、造价低、建造容易等优点，但棚内立柱过多，影响光照和作业，而且寿命短、抗风雪和负载性能差。

②钢架无柱大棚 长度30～60米，跨度8～12米，脊高2.6～3米。用钢筋或钢管作拱架，骨架底脚焊接在地梁上或直接插入土中。立好拱架后，在下弦上每隔2米用1根纵向拉杆相连形成整体。拱架上覆盖薄膜，拉紧后用压膜线或铅丝压膜，两端固定在地锚上。

该大棚骨架坚固，抗风雪能力强，空间大，作业方便；但造价高，骨架每1～2年需涂刷1次油漆防锈。

③钢管装配式大棚 长度20～60米，跨度4～12米，脊高

2.5～3米，纵向用薄壁镀锌钢管连接固定成整体。用薄壁钢管作拉杆、纵向拉杆和端头立柱，连接处用专用卡具连接，部件均采用热镀锌防锈处理。

该大棚建造方便，可拆卸，棚内空间大，便于作业，构件抗腐蚀，承载能力强，但造价较高。

**（2）塑料大棚的结构组成**

①立柱　主要用以固定和支撑棚架和棚膜。为了防止大棚下沉或拔起，立柱下端要用砖、石等做基础，竖直埋入土中约50厘米。

②拱架（拱杆）　支撑棚膜的骨架，横向固定在立柱上，东、西两端埋入地下50厘米左右，呈自然拱形。相邻2个拱架间距为0.5～1米。常见结构有单拱架、平面拱架、三角拱架和屋脊型拱架。

③拉杆（纵梁）　用于纵向连接立柱和固定拱杆，稳定大棚，防止骨架变形、倒塌。常见结构有单杆梁、桁架梁、悬索梁。

④压杆或压膜线　在棚架覆盖薄膜后，每两根拱架之间加一根压杆或压膜线，使棚膜绷紧、平整。压杆要稍低于拱架，使薄膜呈瓦楞状，以利于排水和抗风。

⑤棚膜　即覆盖在棚架上的塑料薄膜，常见的有聚乙烯双防膜、聚氯乙烯双防膜、聚氯乙烯防尘无滴膜、聚乙烯多功能复合膜、聚乙烯紫光膜、乙烯—醋酸乙烯多功能复合无滴膜、漫反射膜、光转换膜（调光膜）。

⑥门窗　设在大棚两端，作为人员出入口和通风口。通风窗设在大棚两端，门的上方可利用排风扇加速通风，还可采用棚膜覆盖的方式设置通风口。例如，用2块棚膜覆盖的大棚，将顶部棚膜相接处作为通风口；用3块棚膜覆盖的大棚，两肩相接处作为通风口；用4块棚膜覆盖的大棚，两肩相接处和顶部作为通风口。通风口处各幅棚膜应重叠40～50厘米。

⑦天沟　对于连栋大棚而言，每2栋连接处的谷部应设置天

沟，即用薄钢板或硬质塑料做成落水槽，便于排除雨水和雪水。但天沟不要做太大，否则影响棚内受光。

**（3）塑料大棚环境特点及调控**

①温度　塑料大棚白天的热量主要来源于太阳直射光。太阳的短波辐射在棚膜表面，一部分被反射，一部分被吸收，剩余的75%～90%进入大棚内，使棚内积累大量热能，提高地温。夜间热量由地面向棚内辐射，这种长波辐射遇到棚膜又折射回来，使棚内保持一定温度。棚内温度随外界温度变化而变化，因此存在明显的季节温差和昼夜温差。12月下旬至翌年2月份，日温差在10℃以上，但很少高于15℃；3～9月份日温差超过20℃。春季棚内温度可达15℃～36℃，最高可达40℃以上，夜间温度比外界高3℃～6℃。随着外界温度上升，至5～6月份棚内最高温可达50℃，如通风不及时，容易发生高温危害。10月下旬至11月下旬，棚内白天最高温度在20℃左右，夜间温度在3℃～6℃。日温差变化与露地相似，最低温出现在凌晨，日出后随着太阳上升，气温逐渐上升，上午8～10时上升最快，密闭条件下每小时可上升5℃～8℃，有时达10℃，最高温度出现在下午1时，下午2时以后开始下降，每小时下降3℃～5℃，日落前下降最快。

塑料大棚一般不用加温措施，如遇低温天气，可采取覆盖地膜、扣小拱棚等方法防寒。夏季高温条件下要及时通风降温，防止出现高温伤害。

②光照　大棚内因薄膜吸收、建筑物遮挡等原因，光照强度低于自然界，钢架无柱大棚透光率70%左右，竹木结构大棚透光率60%左右。选用无滴膜透光率高于普通膜，但成本较高。此外，大棚内光照强度受外界天气影响显著，外界光照强，棚内光照也强。而从水平分布上看，大棚光照差异较大，南北延长的大棚，午前东部光照强于西部，午后西部强于东部；东西延长的大棚比南北延长的大棚光照强度高，但分布不均匀，南部高于北

部，最多可差20%。

塑料大棚进入夏季后，由于光照强度过高，导致棚室内温度过高，不利于植株生长，应及时加盖遮阳网以降低光照强度。

③湿度　塑料大棚内由于土壤蒸发、植物蒸腾等造成空气相对湿度较高，一般为80%～90%，夜间可达100%。较高的空气湿度容易引发草莓病害，可采用通风、覆盖地膜、升温等方法降低棚内空气湿度。例如，棚内温度为5℃时，每升高1℃，空气相对湿度降低5%；棚内温度为10℃时，每升高1℃，空气相对湿度降低3%～4%；棚内温度为20℃时，空气相对湿度为70%；升至30℃时，空气相对湿度可降至40%。

大棚中空气湿度大，土壤蒸发量小，所以大棚中土壤湿度高于露地和玻璃温室。由于棚膜聚集水珠后形成的水滴降落至地面，使大棚内土壤表面经常潮湿，但实际土壤深层却缺水，因此生产中要注意深层土壤水分状况，以便及时灌溉。

**3. 小拱棚**

利用竹片或其他材料作架材，上面覆盖薄膜或其他保温材料，具有结构简单、建造容易、投资少、成本低等优点，但覆盖空间小、管理不便、棚内小气候不易调控。

小拱棚长10～20米，跨度1～2米，脊高0.6～1米，每10米长设置1个通风口。生产中多采用拱圆棚，南北走向和东西走向均可，以南北走向为好，可使棚内植株受光均匀，成熟期一致。小拱棚骨架材料可选用棉槐条、竹片、细竹竿、钢筋等，棚膜选用0.06～0.08毫米厚的聚乙烯薄膜或无滴膜。

小拱棚空间小，热容量少，升温和降温快，容易受外界气温影响，所以只能用作短期覆盖栽培。小拱棚内地温和气温都是中间高两侧低，可通过通顶风来降低中部温度。具体方法是用2幅薄膜烙合，烙合时每米长留出30厘米长的口不烙合，需要通风时用秸秆支起未烙合处，使其呈菱形通风口。

# 三、草莓促成栽培技术

## 1. 日光温室促成栽培技术

北方寒冷地区常利用日光温室进行草莓促成栽培，其优点：一是鲜果上市早，供应期长。鲜果最早可在11月中下旬开始上市，陆续采收至翌年5月份，采收期长达6个月，比露地栽培提早5～6个月，鲜果供应期比露地栽培多5个月。二是产量高，效益好。采用促成栽培可使草莓植株抽生更多花序并连续结果，增加产量，提高效益。但促成栽培技术水平及设施条件要求较高。

**（1）选择良种壮苗** 用于日光温室促成栽培的草莓品种应具备以下特点：休眠期短、成熟早、成花容易、花期较抗低温、果个大、易着色、抗性强、耐高温高湿、丰产，如书香、燕香、秀丽、章姬、枥乙女、甜查理、红颜等品种。为了创造良好的授粉条件，提高品质和产量，还需配置2～3个授粉品种。

草莓促成栽培采收早，花前生长期较短，所以要选择壮苗种植。壮苗标准：根系发达，植株健壮，叶柄粗短，叶色绿，成龄叶5～7片，新茎粗1.5厘米以上，苗重30克以上。

**（2）土壤消毒** 草莓忌重茬，重茬后黄萎病、根腐病等土传病害发病严重，每年定植前要对温室内土壤进行消毒。具体做法参照第六章病虫害防治部分相关内容。

**（3）整地做畦** 土壤消毒后，在8月初平整土地，每667米$^2$施充分腐熟有机肥5 000千克、三元复合肥50千克，施入深度30厘米。采用南北走向深沟高畦栽培，畦面宽50～60厘米，畦沟宽30～40厘米、深25～30厘米，南北高畦要直，畦面要平整。在高畦两边加小土埂做成小平畦，或将两边做成弧形，便于浇水和追肥等作业。

**（4）适时定植** 促成栽培定植时间较早，一般在顶花序花芽分化后5～10天进行。上海、江浙一带多在9月中旬至10月中旬定植，北京和河北等地多在8月中下旬至9月上旬定植。裸根苗应早栽，假植苗或带土坨苗栽植时期可稍晚些。

高畦栽植，每畦栽2行，株距15～20厘米，行距25～30厘米，每667米²栽植8000～11000株。定植时草莓茎的弓背朝向畦沟，可使花序将来向畦的两侧抽生，这样通风透光好、浆果易着色、病虫害少、便于采摘。最好采用容器育苗，带土坨栽植，减少根系损伤，缩短缓苗期，提高成活率。

**（5）扣棚保温及地膜覆盖**　草莓促成栽培的关键技术是适时扣棚保温。扣棚时期一般在顶花芽分化后，第一腋花芽已开始分化，植株即将进入休眠时进行。草莓大多数品种从10月下旬开始逐渐进入休眠，一般腋花芽分化也在此时开始，生产中既要考虑不能使草莓进入休眠，又要考虑不能影响腋花芽分化，两者兼顾的时间即为扣棚保温的最适时期。一般北方寒冷地区扣棚保温适期在10月份、外界最低气温降至8℃～10℃时进行。

地膜覆盖是草莓设施栽培中的一项重要措施。目前，生产中常用黑色地膜进行覆盖，这是因为黑地膜的透光性差，可减少杂草生长。一般在扣棚后10天左右覆盖地膜，最好选择在早晨、傍晚或阴天进行。覆膜后立即破膜提苗，破膜时孔越小越好，注意不要伤害植株。地膜展平后，立即浇水。覆膜如果太晚，植株较大，提苗困难，且容易折断叶柄，影响植株生长发育。

**（6）温湿度管理**　扣棚后，草莓对温度的要求是前期高、后期低。在保温开始初期，为促进花芽分化，防止植株进入休眠，白天温度控制在28℃～30℃，超过30℃要及时通风；夜间温度控制在12℃～15℃，不能低于8℃。保温初期由于外界气温较高，可暂时不加盖保温覆盖物，并根据白天室内温度随时通风降温。现蕾期要求白天温度保持25℃～28℃，夜间10℃～12℃，夜温不宜过高，超过13℃会导致腋花芽退化，雌、雄蕊发育受阻。开花期白天适温为23℃～25℃，夜间8℃～10℃，夜温不能低于 5℃，否则不利于开花和授粉受精，30℃以上的高温将导致花粉发育不良，45℃高温会抑制花粉萌发。果实膨大期白天适温为 20℃～25℃、夜间 6℃～8℃，夜温低有利于养分积累，促进果实膨大。进入采果期，白天适温为 20℃～23℃、夜间 5℃～7℃。

室温可通过揭盖草苫和通风口大小来调节。通风既能降低室内温度和空气湿度，还能增加室内二氧化碳含量。日光温室通风应尽量先在顶部通风，如不能满足降温要求，再进行腰部通风或底部通风，有后窗的温室也可打开后窗通风。为防止湿度过大，棚膜要选用无滴膜，否则棚膜形成的水滴不仅影响光照，而且容易浸湿草莓花的柱头，导致产生畸形果及果实病害，水滴浸湿叶片后还易引发叶部病害。花期室内空气相对湿度应控制在 40%～50%。

（7）**光照管理**　草莓促成栽培，主要生长期在较寒冷的冬季，光照是影响日光温室促成栽培的一个关键因素。定期清洗棚膜可以增大透光率，增加光照。此外，还可以通过人工补光增加光照，方法是每间隔 4 米安装 1 盏 100 瓦的白炽灯，或每间隔 3 米安装 1 盏 60 瓦的白炽灯，白炽灯距离植株 1.5 米；也可每间隔 4 米安装 1 盏 40 瓦的 LED 植株补光灯，灯距离植株 1.2～1.5 米。补光方式有 3 种：一是延长光照，即从日落到夜间 10 时 5 小时左右的连续光照。二是中断光照，从夜间 10 时至翌日凌晨 2 时补光 4 小时。三是间歇光照，从日落到日出，每小时光照 10 分钟、停 50 分钟，累计补光约 140 分钟。这 3 种方式均有明显效果，其中间歇光照最经济。补充光照可促进生长，提前成熟，降低畸形果率，但对产量影响不大。通常早晨照明对增大果个有效，傍晚照明叶柄容易伸长。

（8）**肥水管理**　草莓促成栽培保温后，植株生长周期加长，需肥量增大，肥水不足极易造成植株早衰。草莓生长期根据基肥情况和植株生长状况，可追 4～5 次肥。第一次在植株顶花序现蕾时，主要是促进顶花序生长；第二次在植株顶花序果实膨大期，以磷、钾肥为主，有利于增大果个和提高果实品质；第三次在植株顶花序果实采收前期，以钾肥为主；第四次在植株顶花序果实采收后期。每次追肥量不要过多，以每 667 米$^2$施三元复合肥 8～10 千克为宜，追肥要结合浇水进行。也可将肥料溶于水中，配成 0.2% 的液体肥，顺畦面浇灌，每株浇施 0.4～0.5 升。

一般封冻前浇 1 次大水，以浇透畦垄为原则，扣棚前和覆盖地膜前各浇 1 次水，以后结合追肥进行浇水，提倡膜下灌溉，防止棚内湿度过大。

（9）**赤霉素处理**　通过赤霉素处理，可促进植株生长，抽生叶柄和花序，打破休眠，防止植株矮化。喷施时间掌握在保温开始后、第二片新叶刚展开时进行，休眠较深的品种在保温后 3 天即可进行。休眠浅的品种如章姬、枥乙女、红颜、甜查理等，只需喷施 1 次。喷施浓度为 5～7 毫克／千克，即 1 克赤霉素兑水 135～200 千克，每株用量 5 毫升，喷施至植株的心叶部位。赤霉素的用量不宜过大，否则会导致植株徒长。喷施最好在高温时间进行，喷后将室温控制在 30℃～32℃，几天后即可见效。浅休眠品种如果在保温后植株生长旺盛，叶片肥大、鲜绿，可以不喷施赤霉素。

（10）**植株管理**

①摘掉病老残叶　草莓植株生长过程中，会有部分叶片逐渐老化和黄化，呈水平生长状态。黄化老叶制造的光合产物少，但消耗的营养物质多，且容易发生病害。因此，在新生叶片逐渐展开时，要定期去掉病叶和老叶，以减少植株养分消耗，改善株间通风透光状况，减少病虫害。

②掰芽　促成栽培的草莓植株生长旺盛，容易分化较多腋芽，消耗养分，降低大果率，影响产量，所以要将多余的腋芽掰掉。具体方法是在顶花序抽生后，每个植株上选留 2 个方位较好、生长健壮的腋芽，其余全部掰除，以后再抽生的腋芽也要及

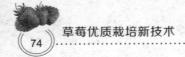

时掰除。

③去匍匐茎　草莓的匍匐茎和花序都是从植株叶腋间长出的分枝，抽生匍匐茎和子苗发育会大量消耗母株的养分，进而影响腋花芽分化，降低产量，因此在整个生长过程中要及时去除匍匐茎。

④整理花序　草莓花序多为二歧聚伞花序或多歧聚伞花序，花序上高级次花芽分化较差，所结果实较小，商品价值低，所以应对花序进行整理、合理留果。一般每个花序留 7～12 个果，其余高级次花果要疏除。果实成熟期，花序会因果实沉重伏地而引发灰霉病等病害，造成烂果。因此，生产中常采用高垄栽培，并在垄的两端钉上木桩，把绳子拴在木桩上拉紧，支起花序，防止花序直接接触地面，以提高果实品质。此外，要及时去除结过果的花序，以促进抽生新花序。

（11）**辅助授粉**　草莓属于自花授粉植物，但异花授粉可提高坐果率，增加产量，减少无效果、畸形果。草莓自然授粉主要通过风和昆虫完成，但冬季温室促成栽培环境密闭，需进行辅助授粉。最常用的方法是温室放蜂，以 1 只蜜蜂 1 株草莓的比例放养，蜂箱最好在草莓开花前 3～5 天放入室内，先让蜜蜂适应一下温室内环境。蜜蜂飞行距离一般为 400 米，访花时间为 8～16 小时，蜜蜂适宜活动温度为 15℃～25℃。也可使用熊蜂，熊蜂活动不受温度和光照影响，授粉效果更好。蜂箱放在温室内离地面 15 厘米处，选择中间坐北朝南、光照好的地方。放蜂期间禁止施药，同时要在温室通风口挡一层窗纱，避免蜂从通风口飞出去。

（12）**施用二氧化碳气肥**　冬季日光温室为保证室内温度，通常通风时间较短，导致室内二氧化碳不足，影响草莓光合作用，使草莓产量和品质下降。通常日光温室内在日出前二氧化碳含量最高，揭苫后随着光合作用的加强，二氧化碳含量急剧下降，近中午时出现严重亏缺，盖苫后又逐渐升高。因此，为满足植株光合作用，应人工施用二氧化碳气肥。

①施肥方法 一是增施有机肥。施入有机肥后，土壤微生物在缓慢分解有机肥料的同时会释放大量二氧化碳气体。二是使用液体二氧化碳。在日光温室内直接施用液体二氧化碳，该方法清洁卫生、容易控制用量。三是放置干冰。干冰是固态二氧化碳，可把干冰放入水中使之慢慢气化或在地上挖 2～3 厘米深的条状沟，放入干冰并覆土。该方法具有所得二氧化碳气体纯净、释放量便于控制和使用简单等优点；但成本较高，而且不便于贮运。四是化学反应施肥法。即利用强酸与碳酸盐反应产生碳酸，在低温条件下碳酸分解为二氧化碳和水的原理，补充室内二氧化碳含量，生产上常用稀硫酸和碳酸氢铵反应法。

②施肥时间 一般在严冬、早春及草莓生育初期施用效果最好。开花后 1 周左右开始施用，可以促进叶片光合作用，制造大量有机物并运往果实，提高早期产量。施用最佳时间是上午 9 时至下午 4 时。如果使用二氧化碳发生器，施肥时间还应适当提前，使揭草苫后 30 分钟棚内达到所要求的二氧化碳浓度。中午如果需要通风，应在通风前 30 分钟停止施用二氧化碳气肥。

③注意事项 一是需要通风降温时，应在通风前 0.5～1 小时停止施用二氧化碳。二是寒流期、阴雨天和雪天一般不施或减少施用量，晴天适宜在上午施用，阴天适宜在中午前后施用。三是增施二氧化碳后，草莓生长量大、发育快，应增施磷、钾肥，适当控制氮肥，防止植株徒长。四是施用二氧化碳气肥要自始至终，才能达到持续增产效果，一旦停止施用，草莓就会提前老化，产量显著下降。如果需要停止施用，应逐渐降低施用量、缩短施用时间，直到停止施用，使植株逐步适应环境。五是采用化学反应法时，所用的硫酸有较强的腐蚀性，操作时应小心，防止滴到皮肤、衣物上，如洒到皮肤上应及时清洗，并涂抹小苏打（碳酸氢钠）。

（13）病虫害防治 草莓日光温室促成栽培最容易发生的病

害是白粉病和灰霉病，虫害主要有螨类、粉虱、蚜虫及小地老虎等地下害虫，应注意防治。

（14）雨雪天温室管理　下雪天气外界气温较低，为保证温室内不受低温伤害，可采取以下措施提高室温。

①及时清除积雪　大雪压在保温覆盖物上很容易把棚架压垮，必须及时清除覆盖物上的积雪，还要清除棚墙旁的积雪，以防积雪融化通过棚脚的泥土渗进棚内，既损坏棚墙又影响棚内温度。

②采取加温措施　白天清扫膜上积雪，增加透光性，并利用灯泡、暖气、火炉等临时加温措施提高棚内温度，还可在大棚内扣小拱棚来增温防冻。

③改善光照　雪后转晴，白天可早揭覆盖物增加光照，但不能一次性全揭，可揭开部分覆盖物，防止出现因光照过强而使草莓失水甚至永久性萎蔫现象。

（15）雾霾、阴雨天温室管理　冬季经常出现阴天和雾霾天气，温室内光照弱，空气相对湿度可达95%以上，而室温却在15℃以下，严重影响草莓叶片光合作用，推迟果实成熟期，降低果实产量和品质。此时，应采取相应措施改善温室内环境条件。

①尽量揭开覆盖物　连阴天的中午，只要揭开覆盖物后室温不降低则应坚持揭，以促使植株接受散射光，增加对光照的适应能力，有利于增产。同时，在连续长时间低温期后天气突然放晴，不可过早全部拉开覆盖物，而应将自动卷帘的棉被卷起一部分，避免棚内升温过快，等草莓适应升温后再全部拉开。棚内温度过高时要及时通风。

②人工补光　可用白炽灯作光源，进行补光加热处理，每盏100瓦灯约照 7.5 米$^2$，每天下午 5～10 时补光 5～6 小时，可增产 30%～50%，可减少畸形果 50% 左右。

③雾霾过后棚膜除尘　准备一根比温室宽稍长的绳子，在上面绑一些布条，使布条覆盖住绳子表面变为布条绳。然后一人

拿着绳子一端站在棚下，一人拿着绳子另一端站在温室后坡上，两人把绳子拉紧，来回摆动，在温室棚膜上一片片地擦拭，可起到增加透光量的作用。擦完后把布条拆下来清洗干净，可多次使用。

④合理控温 安装临时加热设备，夜间进行加热，正午前后进行短时间通风，室内白天温度保持在20℃左右，夜间最低温度在10℃以上。

**2. 塑料大棚促成栽培技术**

我国南方可利用塑料大棚进行草莓促成栽培，通常采用塑料大棚双重保温促成栽培。这种促成栽培方式不使用加温设备，在深冬低温时期，通过在大棚膜内加扣小拱棚或挂反光幕来提高保温效果。同北方日光温室促成栽培一样，南方塑料大棚促成栽培也可实现11月下旬果实上市，采果时期一直持续到翌年5月份。草莓塑料大棚促成栽培具有生产成本低、鲜果提早供应市场、高产、经济效益好等优点，是一种受欢迎的栽培方式。

**（1）品种及优质壮苗选择** 塑料大棚促成栽培应选择休眠浅、生长势强、耐低温、栽培容易、品质优良的草莓品种，如丰香、幸香、红颜等。

优质壮苗标准：株型矮壮，侧芽少，全株重35克以上；有5～6片正常叶，叶色鲜绿，叶片大而厚，叶柄粗壮，根状茎粗1～2厘米；有5条以上5厘米以上的须根，须根粗而白；没有病虫害，植株完整，根、茎、叶各部位没有损伤。为实现果实提早上市，最好使用假植壮苗。我国南方地区，梅雨期开始假植为宜，即在6月下旬至7月上中旬采苗假植。

**（2）土壤消毒及整地做垄** 参照本章日光温室促成栽培技术相关内容。

**（3）定植** 当假植苗中有50%植株通过顶花芽分化时即可定植，一般是9月中旬，此时阴雨天较多，植株定植后缓苗快、易成活，有利于花芽进一步分化。假植苗定植过早，会推迟花芽分化，影响前期产量；定植过迟，会影响腋花芽分化，出现采收期间隔拉长现象，影响整体产量。定植深度要求"上不埋心、下不露根"，定植方向要求秧苗弓背朝向垄沿。采取大垄双行定植方式，垄面宽 50～60 厘米，植株距垄沿 10～15 厘米，株距 15～18 厘米，小行距 25～30 厘米，每 667 米$^2$栽植 7 000～10 000 株。定植时应保持土壤湿润，定植前先浇小水把垄面渗湿夯实。选择晴天傍晚或阴雨天定植，尽量避免在晴天中午阳光强烈时定植。定植后及时浇水，保证植株早缓苗，定植后的 1 周内每天早晨和傍晚各浇 1 次水，晴天时要适当遮阴。

（4）**扣棚保温及覆盖地膜**　草莓塑料大棚促成栽培一般在第一次冷空气来临之前，即 10 月底至 11 月初进行扣棚保温，此时外界平均气温降至 15℃左右。扣棚过早，棚内温度高，植株徒长，不利于腋花芽分化；扣棚过晚，植株进入休眠，不能正常生长结果，影响产量。

塑料大棚草莓促成栽培一般在显蕾期覆盖地膜，这个时期植株韧性最好，覆膜对植株造成的伤害最小，覆膜应在早晨、傍晚或阴天进行。覆膜后立即破膜提苗，地膜展平后立即浇水。覆膜过晚，植株较大，操作困难，提苗时容易伤害植株，影响后期生长发育。

（5）**小拱棚保温及去除**　棚内温度降至 5℃之前（一般在 12 月中旬），为保证草莓正常生长，防止进入休眠，应在棚内用竹片搭建小拱棚进行二层保温。在 1 月份温度最低时，根据实际情况在小拱棚上再搭一层棚膜，实现三层保温。2 月中下旬随着气温回升逐步去除小拱棚的二层保温膜。

（6）**温度管理**　温度是草莓促成栽培成功与否的限制因子。根据草莓生长发育特点，扣棚保温后各生育期对温度的要求如下。

①现蕾前　为保证草莓植株快速生长，提早开花，现蕾前要求较高的温度，白天温度保持在 28℃～30℃，超过 30℃要及时

通风降温，夜间温度保持在 15℃～18℃。

②现蕾期　白天温度保持在 25℃～28℃，夜间温度保持在 8℃～12℃。

③开花期　白天温度保持在 22℃～25℃，夜间温度保持在 8℃～10℃。3℃以下低温，花瓣发红；0℃以下低温，雄蕊花药变褐，雌蕊柱头变黑，严重影响授粉受精和早期产量。

④果实膨大期和成熟期　白天温度保持在 20℃～25℃、夜间 5℃～10℃。如果温度过高，果实着色过快、成熟早、果个小、品质差。

⑤草莓生长后期　此期棚外温度升高，棚内温度不容易控制，注意防止因棚内温度过高而对植株造成热伤害，通常将温度控制在 30℃以下。可通过棚膜外喷水、覆盖遮阳网等措施进行降温。

（7）湿度管理　塑料大棚气密性好，容易出现高湿度，引发多种病害发生。可通过覆盖地膜、膜下灌溉、适当控水、勤通风、挂防雨布等措施降低棚内湿度。

（8）光照管理　光照不足是影响草莓大棚促成栽培的一个重要因素。为维持草莓植株后期生长势，生产上采用电照补光方法来延长光照时间。具体做法：每 667 米² 安装 100 瓦白炽灯 40～50 个，在 12 月上旬至翌年 1 月下旬期间，每天日落后补光 3～4 小时或在夜间补光 3 小时。

肥水管理、施二氧化碳气肥、赤霉素使用、辅助授粉、植株管理、病虫害防治等可参照本章日光温室促成栽培技术部分相关内容。

# 四、草莓半促成栽培技术

## 1. 日光温室半促成栽培技术

在我国北方地区，利用日光温室进行草莓半促成栽培，与日光温室促成栽培相比，植株生育期相对较短，病虫害发生较轻，管理相对容易，成本较低。

**（1）品种和苗木选择**　在北方地区应选深休眠或中等休眠、耐寒性较强、果个大、丰产优质、耐贮运的优良品种，如达赛莱克特、全明星、石莓6号、新世纪、哈尼、宝交早生、丽红、早红光等。南方地区应选休眠浅的品种，如丰香、红颜、章姬、卡姆罗莎、甜查理、书香、燕香等。定植苗木应选繁苗田的优质壮苗或假植苗。

**（2）土壤消毒及整地做垄**　具体方法参照本章日光温室促成栽培技术部分相关内容。

**（3）定植**　半促成栽培可在两个时期定植：一是花芽分化以前，华北地区8月下旬至9月上旬前后。二是花芽分化以后，即10月上旬。北方地区秋季低温来得早，应在花芽分化前定植，定植过晚会影响植株根系的恢复。南方地区秋季温暖，可在花芽分化后定植，定植后仍有较长时间生长，缓苗后秧苗生长良好，有利于开花结果。

**（4）扣棚及地膜覆盖**　根据当地自然条件、品种休眠特性及上市时间等确定扣棚时间。休眠浅、低温需求量低的品种，解除休眠时间早，可早保温；休眠深、低温需求量高的品种，解除休眠时间晚，可适当晚些。保温过早，植株仍处于休眠状态，植株矮化，叶柄短，叶片小，所结果实硬而小，产量低，品质差；保温过晚，植株徒长，早熟效果不明显，产量低。北方地区日光温室半促成栽培一般在12月中旬至翌年1月上旬进行扣棚保温。

扣棚保温后7～10天覆盖地膜。覆盖地膜应在早晨、傍晚或阴天进行，覆膜后立即破膜提苗，地膜展平后立即浇水。

**（5）温湿度管理**　日光温室半促成栽培从扣棚保温后到现蕾前，植株需逐步适应高温过程，所以升温不易过快，如果前期温度过高，将影响花芽后期分化。

①保温初期　白天温度保持24℃～30℃、夜间9℃～10℃，

夜间最低 8℃，白天温度超过 35℃时，应及时通风换气降温。夜温达不到要求时，采用加盖覆盖物等保温措施升温。室内空气相对湿度保持在 85%～90%。

②显蕾开花期　白天温度保持 23℃～25℃、夜间 8℃～10℃，白天温度超过 28℃，就会影响正常授粉受精。空气相对湿度控制在 50%左右，高于 60%或低于 30%均会影响正常授粉受精。

③浆果膨大期　白天温度保持 20℃～23℃、夜间 5℃～8℃。温度高，浆果小、采收早；温度低，浆果大、采收晚，生产中可根据当地市场需要灵活控制温度。进入 3 月中下旬后，气温逐渐升高，可同时通顶风和底风，底风宜在中午逐日加大通风量，至 4 月 20 日前后即可撤除棚膜。

肥水管理、赤霉素使用、辅助授粉、植株管理、病虫害防治等可参照本章日光温室促成栽培技术部分相关内容。

**2. 塑料大棚半促成栽培技术**

塑料大棚半促成栽培成熟期比露地栽培早 1～2 个月，可获得较高的经济效益。

**（1）品种和苗木选择**　南方地区应选休眠较浅的品种，如丰香、章姬、鬼怒甘、红颜、书香等；北方地区应选休眠较深的品种，如达赛莱克特、石莓 6 号、石莓 7 号等。塑料大棚草莓半促成栽培比小拱棚采收早，开花前生育期短，对秧苗质量要求较高，应选择根系发达、白根多、叶柄短粗、成龄叶 5 片以上、新茎粗 1 厘米以上的壮苗。

**（2）土壤消毒及整地做垄**　参照本章日光温室促成栽培技术部分相关内容。

**（3）定植时期**　在花芽分化前定植，北方寒冷地区一般在 8 月下旬至 9 月初，南方温暖地区在 10 月下旬以后。定植太早，花芽分化还未完成，移苗伤根影响花芽分化和发育。定植深度要求"深不埋心，浅不露根"，定植时植株弓背朝向垄沟方向，有

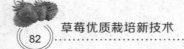

利于花果管理和果实采收。

采用大垄双行定植方式，株距 15～18 厘米，小行距 25～30 厘米，大行距 60 厘米，每 667 米 $^2$ 栽植 7 000～8 000 株。定植前先用小水将垄面浇湿，选择晴天傍晚或阴雨天定植。定植后及时浇水，促使植株早缓苗。定植后 1 周内每天早晨和傍晚各浇水 1 次，并注意适当遮阴。

（4）**扣棚和覆盖地膜**　塑料大棚半促成栽培一般在 1 月上中旬扣棚升温。扣棚过早，较难打破休眠，植株矮小，生长势弱，产量低；扣棚过晚，植株营养生长过旺，收获期延迟。

扣棚保温后不久，选择早晨、傍晚或阴天覆盖地膜，覆膜后立即破膜提苗，地膜展平后浇水。

（5）**温湿度管理**　扣棚后需要密闭保温，以促进植株生长，增强光合作用，提高植株体内营养积累，进而促进开花结果。扣棚前期，白天温度控制在 30℃左右，夜间最低温度在 8℃以上。如果夜温达不到要求，可在棚内加扣小拱棚，必要时在小拱棚上加盖草苫。白天温度超过 35℃时，撤除小拱棚。保温 1 个月后，新叶展开 3～4 片时，开始现蕾开花。开花期温度要稳，通常白天温度保持在 20℃～25℃、夜间 8℃～10℃，地温保持在 18℃～20℃，空气相对湿度控制在 40%～50%。此期白天温度若超过 35℃，花粉生活力降低，授粉受精不良；夜温低于 0℃，雌蕊易受冻，导致畸形果。果实膨大期白天温度保持在 20℃～22℃、夜间 5℃～10℃，此期可根据市场需要调节温度，温度高，成熟早，但果个小；温度低，成熟期延迟，但果个大。

肥水管理、赤霉素使用、辅助授粉、植株管理、病虫害防治等可参照本章日光温室促成栽培技术部分相关内容。

**3. 小拱棚早熟栽培技术**

此模式是在露地栽培基础上发展的一种栽培方式，生产技术相对简单，对草莓的休眠、花芽分化等要求不高，成本较低，可比露地栽培提早成熟 15～20 天，效益较好。

（1）**品种选择** 小拱棚早熟栽培品种与露地栽培品种基本一致，北方地区宜选用休眠较深、低温需求量较多、较抗病的品种，南方地区宜选用休眠浅、低温需求量较少、耐高温、抗病性较强的品种。

（2）**土壤消毒及整地做垄** 土壤消毒应在7月末至8月初进行，具体方法参照第六章病虫害防治部分相关内容。

土壤消毒后平整土地，每667米$^2$施充分腐熟有机肥3 000～5 000千克、三元复合肥50千克，施肥后做畦。小拱棚一般采用平畦栽培，平畦宽1.3～1.4米。也可采用半高垄栽培，垄高10厘米，垄面宽40厘米，垄沟宽30厘米，垄面呈弧形。

（3）**定植时期和方法** 假植苗可在顶花芽分化完成后开始定植，通常北方地区在9月中下旬进行。非假植苗，北方地区在8月中下旬定植，南方地区在10月上中旬定植。

小拱棚平畦栽培时，每畦栽4行，株距20厘米，行距30厘米；半高垄栽培时，垄上栽2行，株距20厘米，小行距25～30厘米，大行距40～45厘米。定植深度要求"深不埋心，浅不露根"，定植时植株弓背朝向垄沟，使花序全部排列在垄沿上，有利于花果管理和果实采收。

（4）**扣棚时期** 根据各地区气温情况确定扣棚时间，生产中可采用早春扣棚和晚秋扣棚两种形式。我国南方地区多在早春草莓新叶萌发前扣棚，扣棚时需撤除地膜上其他覆盖物，保留地膜并及时破膜提苗。如果扣棚过早，植株虽可提早生长发育和开花结果，但早春低温容易对花器官和幼果造成冻害。北方地区多在秋季扣棚，一般在外界最低气温降至5℃左右时进行。扣棚后，植株还可生长一段时间，延长了花芽分化时间，增加了花芽数量，提高了花芽质量，有利于提高产量，早熟效果好。扣棚后如果棚内温度超过24℃，要通风降温，通风一般从棚两端进行，夜间闭合拱棚保温。

（5）**温度管理** 不同生长发育期对温度要求不同，但棚内温度不能低于5℃、不能高于30℃。萌芽到现蕾期（展叶期）白天温度控制在15℃～20℃、夜间6℃～8℃；开花坐果期白天温度20℃～25℃，夜间不能低于5℃；果实发育期一般温度控制在10℃～28℃。随着温度上升，当夜间气温稳定在7℃以上时，经过3～5天的通风锻炼后撤除拱棚。

（6）**防寒**　北方地区在土壤封冻前要浇1次透水，然后在垄上覆盖地膜，地膜上再盖10厘米厚的稻草或秸秆。风比较大的地区要在拱棚四周围一层草苫，既可防大风吹坏拱棚，又可保温。早春夜间温度低，要封严拱棚风口，若遇突然降温或霜冻，可在拱棚附近点火熏烟，以减少低温对植株造成的伤害。

（7）**升温后管理**　早春，随着外界气温升高，可分批去除防寒物，然后破膜提苗，并清除老叶、枯叶。拱棚升温后植株转入正常生长发育阶段，要及时浇水，并追施1次液体肥，以满足植株生长需要；在顶花序显蕾时和顶花序果开始膨大时再追施1次液体肥，可追施0.2%～0.4%三元复合肥液。注意不能大水漫灌，否则易出现地温上升慢、病害严重等现象。此外，要根据土壤缺水程度和植株需水情况适时灌溉，以满足植株对水分的需求。

# 五、草莓抑制栽培技术

草莓抑制栽培是利用草莓在休眠期具有较强的耐低温能力，把具有一定花芽数量的植株在土壤解冻后、开始生长前，从育苗圃中取出，放入低温冷库，强迫植株休眠，抑制植株生长，待需要栽植时将秧苗从冷库取出，再种植到田间使其开花结果，以达到人为调节采收期的目的。理论上说，只要自然条件适合，秧苗可在一年中任何时期出库定植；但夏季高温期定植，草莓开花结果早，生育期和采收期均短，果实个小、味酸、品质差。生产中北方地区多在秋季9月上中旬出库定植，50天后采收，出库越早采收越早。不同地区秧苗入库和出库时间不同，成熟期也不一样，因此利用抑制栽培可实现草莓周年供应。

**1. 冷藏苗的标准和培育**

（1）**冷藏苗的标准**　草莓抑制栽培所用苗木需经历长期冷藏，植株养分消耗较大，所以对苗木要求较高。生产中必须选用壮苗，其标准：无病虫害、有7～8片浓绿叶片、新茎粗1.5～2厘米、苗重35克左右、有足够的花芽、粗根多、储藏养分充足、不过早现蕾、耐长期冷藏的苗木。

（2）**冷藏苗的培育**　为培育出有较多较粗须根的优质壮苗，育苗圃应选择在土壤疏松肥沃的地块。一般在8月中下旬开始培养，选择具有3～4片叶的苗，摘去基部叶片，以促发新叶和新根。花芽分化前保证氮肥供应，促进植株生长；入冬前减少氮肥用量，多施磷、钾肥，严防苗木徒长，冷藏前使秧苗达到要求标准。

**2. 秧苗冷藏技术**

（1）**冷藏时期**　草莓苗低温冷藏可在秋末冬初或冬末解除休眠前进行，如河北等地在11月中旬，沈阳等地在11月上旬，江苏等地在1月中下旬。北方地区最晚在2月上中旬进行，如果再晚进行冷藏，植株芽开始萌动，冷藏期间易受冻。在土壤解冻时入库可降低生产成本。

（2）**秧苗处理**　在秧苗休眠期起苗，应选择健壮秧苗。起苗时注意保护根系，起苗后把根部泥土轻轻抖掉，用清水冲洗干净，去掉老叶、枯叶、病叶，保留展开的2～3片叶，有现蕾的要摘掉花蕾，以减少呼吸消耗过多储藏养分，同时也利于装箱。先根据苗木质量进行分级，再用70%甲基硫菌灵可湿性粉剂1000～1500倍液喷雾防病，将苗木放在阴凉处晾干，然后立即装箱。装箱时秧苗不能过干或过湿，否则会造成冷藏苗失水或因冻结而腐烂。

（3）**苗木装箱**　可用木箱或纸箱装苗，箱内铺上报纸或带孔的塑料薄膜，但铺报纸容易造成苗木干燥，最好用带孔的塑料薄膜。装箱时将苗木排成两列，苗叶靠箱两侧，根在中间互相交错排列，每箱装 500～1 000 株。装箱应松紧适度，以装满后用手按略有弹性为宜。装得过松，装苗量少，箱内易干燥；装得过紧，水分过多，易冻结腐烂，定植后影响成活率。装满箱后，用薄膜将苗密封，然后把箱子捆好。

（4）**库温控制**　将包装好的苗木入冷库后，先在 5℃条件下预冷，5 天后将冷库温度调至 –2℃的恒温条件。温度升至 1℃以上，苗木芽开始萌动；3℃以上新芽生长并出现新根，且病原菌活动旺盛，秧苗易腐烂；–3℃以下，根和芽易受冻害。根据日本学者研究，冷藏初期温度保持 –2℃，60 天后降至 –4℃，或冷藏初期温度保持 –2℃，30 天后降至 –4℃的冷藏处理效果较好，植株冻害和病害发生均轻。

预冷对苗木冷藏非常重要，可使植株逐渐适应冷藏温度，提高苗木耐贮性。预冷时间的长短可根据植株体温而定，体温高的预冷时间长，体温低的预冷时间短。预冷时把秧苗挖出后放至冷凉处，使其体温降低，然后入库。如果春季开始冷藏，一般不必预冷。

（5）**出库处理**　冷藏苗出库时，先把箱子放至遮阴处 2～3 小时，使之逐渐适应外界气温，再开箱取苗。出箱后用流水浸根使其吸水，傍晚时栽植。也可在傍晚出库，放置 1 夜，第二天再用流水浸根 3 小时左右后定植。定植前剔除发黄或发霉的秧苗，剪掉根端变黑部分，用 50%多菌灵可湿性粉剂 800 倍液，或 70%甲基硫菌灵可湿性粉剂 1 000 倍液浸泡后定植。

**3. 定植时期及管理**

（1）**定植时期**　定植期主要取决于市场需要及果实采摘期与果实发育期的长短，如 4～5 月份定植的，2 个月后收获；6～8月份定植的，30 天后即可收获。

（2）**土肥水管理**　冷藏苗定植时，根系基本上还未开始活动，短时间内根系生长要晚于地上部，所以定植后不要马上追肥，待秧苗成活后进行追肥。长江流域地区多采用高畦栽培，畦面宽110厘米，沟宽35厘米，畦高20～25厘米，每畦栽植4行，株距22厘米，行距25厘米，每667米$^2$定植8 000株左右。北方地区多采用平畦栽培，也可采用高畦覆膜栽培，畦宽70厘米，畦高15～20厘米，每畦栽植2行。

定植后浇透水，之后保持土壤湿润。早期出库定植的幼苗，外界温度较高，为提高成活率，栽植后可覆盖遮阳网4～5天。6～7月份出库定植的，要全期覆盖遮阳网。

（3）**植株管理**　定植后摘除冷藏前的老叶和匍匐茎，这样既可减少养分消耗，又能防止传染灰霉病等病害。栽植早的冷藏苗，果实发育期短、果个小，需要进行疏花疏果，每株保留8～10个果；栽植较晚、后期用大棚覆盖的冷藏苗，生长期长，花梗粗，花大果大，可尽量多留花果。冷藏苗延迟栽培多在高温期开始采收果实，果实的膨大、成熟均在较短的时期内完成，果小而软，不宜贮运。因此，采收要适当早些，不要等太熟时采收，应在早晨气温较低时采收。

# 六、草莓无土栽培技术

## 1. 无土栽培的类型

根据植物根系的固定方法，可将无土栽培分为无基质栽培和基质栽培两大类。

（1）**无基质栽培**

①水培　植物根系直接与营养液接触，不需要用基质的栽培方法。根据营养液层的深度、设施结构和供氧、供液等管理措施不同，分为营养液膜法、深液流法、浮板毛管法等。

②喷雾栽培　简称雾培或气培，是将营养液用喷雾的方法直接喷到植株根系上的栽培方法。通常是用聚丙烯泡沫塑料板，按

一定距离在上面钻孔，将植株根插入孔内，使根系悬挂在容器中间，根系下方安装自动定时喷雾装置，营养液可循环利用。该方法可同时满足根系对氧和营养元素的吸收，但设备投资大，运行成本高，生产上应用较少。

（2）**基质栽培**　是生产中应用较多的一种方法，主要是利用基质固定植物根系，根系通过基质吸收营养液和氧气。又可分为有机基质和无机基质两类，有机基质包括草炭、树皮、锯末、刨花、稻壳、菇渣等；无机基质包括蛭石、珍珠岩、沙、砾、陶粒、炉渣等颗粒基质，聚乙烯、聚丙烯、脲醛等泡沫基质及岩棉等纤维基质。

**2. 营 养 液**

（1）**水质要求**　水既为植株生长提供水分，又是营养元素的载体，水质的好坏直接影响植株的生长状况。通常将水质分为3类：优质水，电导率在0.2毫西/厘米以下，pH值5.5～6；允许用水，电导率在0.2～0.4毫西/厘米，pH值5.2～6.5；不允许用水，电导率在0.5毫西/厘米及以上，pH值≥7或≤4。在配制营养液前，需对水质进行检测，项目包括pH值、电导率及硝态氮、铵态氮、磷、钾、钙、镁、钠、铁、氯等的含量。

（2）**营养液配方**　草莓植株生长过程中需要碳、氢、氧、氮、磷、钾、钙、镁、硫、氯、锰、硼、锌、铜、钼等多种必需营养元素，其中碳、氢、氧可从空气和水中获得，硫和氯需求量极少。生产中常用日本山崎配方（表5-2），为了防止配制时产生沉淀，一般将钙源和磷源分开，把不产生沉淀的硝酸钙和硝酸钾归为一类，把磷酸一铵和硫酸镁归为一类，剩余的归为一类，分为A液、B液、C液3类。配制时先加1/3水，把A液完全溶解，混合均匀，再把B液溶解稀释到一定程度后缓慢注入，边注入边加水搅拌，混合均匀后以同样方法加入C液，混合均匀。

表5-2　山崎草莓配方 （克/吨）

| 类　型 | 试　剂 | 用　量 | 试　剂 | 用　量 |
|---|---|---|---|---|
| A | 四水硝酸钙 | 236 | 硝酸钾 | 303 |
| B | 磷酸一铵 | 57 | 七水硫酸镁 | 123 |
| C | 螯合铁 | 20～40 | 硼酸 | 2.86 |
|  | 四水硫酸锰 | 2.13 | 七水硫酸锌 | 0.22 |
|  | 硫酸铜 | 0.08 | 钼酸铵 | 0.02 |

**（3）营养液管理**　草莓喜肥但不耐肥，不同生育期对养分要求不同。通常开花前控制较低浓度的营养液，以减少后期畸形果的发生；开花后消耗养分增多，要增加营养液浓度，防止植株早衰，降低产量和品质。不同品种、同一品种不同生育期所需营养液浓度不同，以山崎草莓配方1个剂量为标准，具体使用浓度如表5-3所示。

表5-3　不同品种群草莓的营养液浓度

| 品　种 | 营养液浓度（毫西/厘米） | | | |
|---|---|---|---|---|
|  | 定植初期 | 1周至盖膜期 | 盖膜至开花期 | 开花期以后 |
| 宝交早生、丰香、春香等 | 0.4 | 0.8～1 | 1.2 | 1.6～1.8 |
| 丽红、明宝等 | 0.8 | 1.2～1.6 | 1.8 | 2～2.4 |

草莓最适 pH 值为 5.5～6.5，但 pH 值在 5～7.5 范围内均可正常生长，如果 pH 值不是过分偏离最适范围，就不必对其进行调节。

**（4）供液方式**　深液流种植方式可采用间歇供应，即利用定时器控制营养液供应时间，开花前，每小时开启水泵循环10分钟；开花后，将水泵循环供液时间增加至 15～20 分钟/小时。营养液膜种植技术，定植至根垫形成之前，采用连续供液，每个槽的营养液流量控制在 0.2～0.5 升/分钟；根垫形成后采用间歇供液，每个槽的营养液流量为 1～1.5 升/分钟。选用基质种植的，可根据天气和植物生长势把基质相对含水量控制在70%～80%左右；也可根据单株草莓日最大耗水量0.3～0.8升来确定供液量，用定时器控制水泵定时供液。

### 3. 栽植管理

**（1）栽植方式** 生产中常用的无土固体基质栽培形式，多选用砖砌栽培槽或专用栽培槽。为方便田间操作，砖砌栽培槽的规格为内径48厘米、外径72厘米、深20厘米，槽间距40～50厘米，做槽时先在槽内铺一层砖，槽内铺0.1毫米厚的聚乙烯农用膜与土壤隔离。专用草莓栽培槽一般上口宽30厘米、底宽20厘米、高25厘米，槽内装栽培基质，配置滴灌设施，以南北向为宜。

固体基质由无机基质和有机基质混合而成，应疏松通气、保水力强、无病虫害。生产上常用的基质配方：草炭：蛭石＝3∶1；草炭：蛭石：珍珠岩＝4∶1∶1；草炭：锯末（或废棉籽皮）：蛭石（或珍珠岩）＝1∶1∶1；草炭：蛭石＝2∶1。混匀后每立方米基质加腐熟优质有机肥10千克，生长期间可在滴管浇水时补充营养液或速效肥。

**（2）栽植时期及方法** 一般在8月中下旬至9月上旬栽植。栽植前准备好栽植槽，装入基质，浇水夯实，使基质低于槽口。然后铺设滴灌管，覆盖黑色地膜，按株距15厘米、行距20厘米栽植，每槽栽2行。

选择优质壮苗栽植，随取苗随栽植。秧苗栽植前要轻轻抖掉根部基质，摘除基部老叶。在栽植槽中栽植时，先按规定的株行距打孔破膜，然后栽植，栽好后将栽植孔封严。

**（3）温度管理** 栽植后，设施内白天温度不超过25℃、夜间温度保持在8℃～10℃，营养液温度保持在20℃左右，根际温度保持在15℃以上。温度高于35℃或低于3℃，容易出现畸形果。

其他管理与一般日光温室栽培基本相同，具体管理方法参照日光温室促成栽培技术部分相关内容。

# 第六章

# 草莓病虫害防治技术

## 一、综合防治措施

**1. 选用抗病品种**

根据各地生产环境条件和栽培技术，针对草莓主要病害，选用不同的抗病品种。目前，抗病品种的单一抗性较好，可以抗多种病害的品种较少，因此在生产中应注意防治其他病害。

**2. 加强检疫，选用无病毒种苗**

避免从疫区引种，并严格进行种苗检疫；按照各种栽培类型所需的苗木标准，选用壮苗，选用脱毒苗木，减少病虫害传播。

**3. 轮作倒茬**

设施草莓不宜连作，要进行合理的轮作倒茬；为防止黄萎病和青枯病等病害发生，应避免与茄科（番茄、茄子等）轮作。

**4. 土壤消毒**

（1）**太阳能消毒**　此法是目前最安全、无公害的土壤消毒方法。一般选择在气温较高、太阳辐射较强烈的6～7月份进行。首先给土壤施足基肥并浇足水，翻耕30～40厘米深，之后覆盖地膜闷土1～2个月，利用夏季太阳热产生的高温（此期土壤温度可达55℃～70℃）可杀死土壤中的病菌、虫卵、草籽等。

（2）**高温消毒**　多用于设施栽培土壤消毒，通过封闭温室，使20厘米地温达40℃保持7天，或37℃保持20天，可有效杀灭土壤中细菌、根结线虫等有害生物。消毒完成后翻耕土壤，以30～40厘米深为宜，晾晒3～5天后即可定植。

（3）**棉隆土壤消毒** 清理土壤杂质后，每667米²施有机肥2 000千克，深翻土壤，浇水至土壤相对含水量达60%左右，保湿5～7天。然后用旋耕机耕翻土壤20～30厘米深，耕翻后在土壤表面每平方米均匀撒施98%棉隆微粒剂22～45克，并及时在地面喷洒反应水，使药和水充分接触。随后用厚度大于0.4毫米的塑料膜覆盖密封地面，10～15天后去除塑料膜。放风5～7天，期间松土1～2次，待土壤中无残留农药气味时即可定植。

（4）**石灰氮消毒** 选择气温高、光照好的晴天，把地整平后浇水，使土壤相对湿度保持在60%～85%。浇水2～3天后，每667米²均匀撒施石灰氮40～60千克。之后深翻土壤，使石灰氮颗粒与土壤充分接触，然后用透明薄膜覆盖闷土2周。石灰氮消毒可有效防治由病原真菌、细菌及线虫引起的多种土传病害。同时，还可为植株提供氮素、减少硝酸盐积累、促进植物生长，是一种环保型的土壤消毒技术。

（5）**活性炭土壤消毒** 施基肥时掺入活性炭，通常每平方米施活性炭0.3千克。活性炭有利于土壤中有益微生物生长，能抑制病原菌繁殖，还可起到消毒的作用，也是一种环保型的土壤消毒技术，适宜设施栽培时应用。

（6）**土壤热水消毒** 该方法是采用高精度传感器控制热水温度，利用高温热水消毒机产生高温热水对土壤进行消毒。通常是将20厘米土层温度加热至50℃以上持续1～2小时，或45℃以上持续时间3.5小时，可有效杀灭土壤中根结线虫，温室使用较多。

（7）**蒸汽消毒**

①地表覆膜蒸汽消毒法 在地表覆盖帆布或抗热塑料膜，在开口处放入蒸汽管通入蒸汽。

②Hoddeson管道法 在地下40厘米处埋设1个直径约40毫

米的网状管道，管道长 2～3 米，管道上每隔 10 厘米留 1 个直径约 3 毫米的孔。

**5. 加强田间管理**

采用高垄栽培，覆盖地膜并采用膜下灌溉，切忌设施内大水漫灌。加强通风透光和中耕除草，促进根系发育，增强植株抗病能力。及时摘除病叶、清除病残体并带出室外集中烧毁，以减少再侵染。合理施肥，以有机肥为主，化肥为辅；以多元复合肥为主，单元素肥料为辅；以基肥为主，追肥为辅；尽量少用化肥和叶面喷肥。

**6. 采用生态防治**

在草莓开花和果实生长期，加大通风量，把棚室内空气相对湿度降至 50% 以下，可显著降低病害发生。把棚室内温度升至 35℃闷棚 2 小时，然后通风降温，连续闷棚 2～3 次，可有效防治灰霉病。

# 二、侵染性病害及防治

**1. 病　毒　病**

（1）**危害症状**　草莓受单种病毒侵染，大多数症状不明显。被复合侵染后，主要表现为生长势减弱，新叶展开不充分，叶片无光泽、失绿变黄、皱缩扭曲，植株矮化，坐果少、果实产量低。

（2）**发病规律**　病毒主要在草莓种株上越冬，通过匍匐茎、蚜虫和土壤传播。草莓种植年限越长，发病越严重。重茬地病害发生加重。

（3）**防治方法**　①培育和栽培无病毒苗。培育无病毒母株，栽培无病毒苗木，实行严格的隔离制度是防治病毒病的根本措施。无病毒苗在生产中要 2～3 年更新 1 次，在病毒侵染率高的地区及棚室草莓园每年都要更新。为了防止蚜虫传播病毒，无病毒苗栽植区应离老草莓园 2 000 米以外。②严格病毒检疫。在引种时，要严格进行检疫，提高检测手段和技术，实施引种隔离检验制度。③及时进行轮作和倒茬，避免在同一块地上多年连作草莓。④加强田间栽培管理，提高自身抗病能力。田间发现病株要立即拔除烧毁，减少侵染源。⑤消灭蚜虫。蚜虫是传播病毒的主要媒介，防治蚜虫是防止病毒传播蔓延的重要措施。蚜虫活动高峰在5～6月份，这个时期喷药，可起到良好的防治效果。可在夜晚封闭设施，点燃蚜虫净发烟弹（每667米$^2$温室点8枚），或结合防病、根外施肥喷施2%阿维菌素乳油3 000倍液，或5%氯氟氰菊酯乳油3 000倍液。也可利用蚜虫忌避银色反射光的特点，用银色聚乙烯薄膜覆盖母株防治蚜虫。⑥药剂防治。缓苗期，一般是在覆膜以后，可用果树病毒Ⅰ号（主要成分黄芪多糖、穿心莲内酯）40克加水15升喷施，每隔3～4天喷施1次，连喷2次。在萌芽期和花期，可用果树病毒Ⅱ号（主要成分碘、干扰素）50毫升加水15升灌根，以灌透为宜。发病初期可喷施1.5%烷醇·硫酸铜乳剂1 000～1 500倍液，或20%吗胍·乙酸铜可湿性粉剂4 000倍液，每隔10～15天1次，连喷2～3次。

**2. 灰霉病**

（1）**危害症状**　又称腐烂病，病菌最先从即将开败的花或比较衰弱的部位侵染，使花呈浅褐色坏死腐烂，上面产生灰色霉层。叶片感病时从基部老黄叶边缘开始，形成"V"形黄褐色斑，或沿花瓣掉落的部位侵染，形成近圆形坏死斑，上面有不太明显的轮纹和稀疏的灰霉。果实从残留的花瓣、靠近或接触地面的部位开始感病，也可从早期与病残组织接触的部位侵入，开始呈水渍状灰褐色坏死，随后颜色变深，果实腐烂，表面产生浓密的灰色霉层。叶柄发病时呈浅褐色坏死、干缩状，其上产生稀疏灰霉。

（2）**发病规律**　病菌在土壤中越冬，通过气流、灌溉水或农事活动传播。空气湿度大、浇水后逢雨天或地势低洼积水等，有利于病害的发生。平畦种植或卧栽盖膜种植病害严重；高垄、地膜栽培病害轻。

（3）**防治方法** ①禁止连作，如需连作，土壤必须进行消毒。②合理密植，保证通风良好，避免灌太多水和施入过多氮肥，选用高垄滴灌栽培模式。③药剂防治。种植前用65%甲硫·霉威可湿性粉剂400倍液，或50%乙霉·多菌灵可湿性粉剂600倍液，或50%敌菌灵可湿性粉剂400倍液，或45%噻菌灵悬浮剂600倍液，对棚膜、土壤和墙壁等表面喷雾消毒。发病初期用40%甲基噻菌胺悬浮剂1 500倍液，或50%乙烯菌核利可湿性粉剂1 200倍液，或65%甲硫·霉威可湿性粉剂600倍液，或50%乙霉·多菌灵可湿性粉剂800倍液，或50%敌菌灵可湿性粉剂400倍液，或45%噻菌灵悬浮剂800倍液，或10%多抗霉素可湿性粉剂600倍液喷雾，重点喷花喷果。

**3. 白 粉 病**

（1）**危害症状** 病害发生早期仅在叶片上形成薄薄的白色菌丝层；病情加重后，叶缘逐渐向上卷曲呈汤匙状，并出现大小不等的病斑，病斑背面为白色粉状物，后呈红褐色病斑，叶缘萎缩、焦枯。花器官染病初期呈紫红色，幼果受侵染呈紫红色斑点，严重时果实上会覆盖一层白色粉状物，失去商品价值。严重时整个植株死亡。

（2）**发病规律** 病菌以菌丝体随种苗越冬，通过气流、雨水传播，从叶面直接侵入。带菌种苗是进行远距离传播的唯一途径。草莓白粉病耐干旱，发病适宜温度为20℃左右，适宜空气相对湿度为80%～100%，多雨或设施栽培利于发病。

（3）**防治方法** ①选用抗病品种，培育健壮、无菌的草莓种苗，控制病原。②合理管理。适量施用充分腐熟有机肥和复合肥，氮肥不能施用过多，防止烧苗和旺长；适时浇水，满足苗期对水分的需求；利用通风口调节棚室内温湿度；及时摘除老叶、病叶，清洁田园，增加温室草莓的通风透光性。③药剂防治。发病初期喷施70%甲基硫菌灵可湿性粉剂1 000倍液，或50%多菌灵可湿性粉剂1000倍液，或50%腐霉利可湿性粉剂800倍液，或2.5%咯菌腈悬浮剂1500倍液，或50%异菌脲可湿性粉剂1000倍液，或10%多抗霉素可湿性粉剂1000倍液，于开花前喷施，每隔7～10天喷1次，连喷2～3次。

阴雨天气或温室湿度较高时，可选用烟熏法。每667米²棚室用2%醚菌酯烟剂6枚，或20%百菌清烟剂6枚，或10%腐霉利烟剂250克，于傍晚时点燃，预防期每天熏蒸2小时，发病期每天熏蒸8小时，连用7～10次后恢复预防期使用剂量。熏蒸药剂交替使用效果更好。

**4. 根 腐 病**

**（1）危害症状** 主要危害根部，分为急性和慢性两种类型。急性型通常在春夏季节发生，雨后叶尖突然凋萎，不久呈青枯状，之后全株迅速死亡。慢性型通常在秋冬季发生，下部老叶叶缘变紫红色或紫褐色，逐渐向上扩展，全株萎蔫死亡。根系变褐腐烂，易被拔起。定植后新发的不定根症状明显，发病初期不定根中间部位表皮坏死，形成1～5毫米红褐色至黑褐色梭形不凹陷长斑，后期严重时木质部和髓部坏死变褐，根系干枯死亡，地上部叶片变黄萎蔫，全株枯死。

**（2）发病规律** 病菌以卵孢子在土壤中存活，土壤中的病菌借助灌溉水或雨水传播蔓延或通过种子传播。地温低、湿度大时发病严重，10℃是其最适的发病土壤温度。

**（3）防治方法** 定植前苗木用50%多菌灵可湿性粉剂800倍液浸洗，晾干后定植。苗木成活后用75%百菌清可湿性粉剂500～800倍液，或70%代森锰锌可湿性粉剂600～800倍液，每隔10天喷1次，连喷2次。盖膜前行间撒施石灰，并喷58%甲霜·锰锌可湿性粉剂500～800倍液，或75%百菌清可湿性粉剂500～800倍液。

**5. 黄 萎 病**

**（1）危害症状** 主要发生在匍匐茎发生期，危害子苗。感病后幼苗新叶失绿变黄，弯曲变小，在3片叶中有1～2片小叶黄化且小。发病植株生长不良，叶片失去光泽，从叶缘开始变褐枯萎，之后植株死亡。叶柄和茎的导管发生褐变，根的外侧或先端也发生褐变，但中柱鞘不变色，不久后腐烂。

（2）**发病规律** 病菌在土壤、病残体或种子内、外越冬，从草莓根部伤口侵入，通过维管束扩散至植株地上部。当土壤温度高、湿度大、pH值低时发病严重。此病危害性大，是顽固性土传病害。

（3）**防治方法** 单纯使用药剂对草莓黄萎病的防治效果不佳，应注重综合防治。①选择无病土壤中健康植株留种，栽植无病健壮秧苗。无病母株可用空间采苗方法获得，即在匍匐茎的先端着地以前切取，插入无病土壤中，使其生根，作为母株进行育苗。②避免连作重茬，实行3年以上轮作。③播种或栽植前严格土壤消毒灭菌。④加强栽培管理。草莓种植后土壤不能过干或过湿；及时摘除病老叶；发现病株尽早拔除并及时补植，将病株深埋或烧毁，以减少病原。⑤定植前用70%甲基硫菌灵可湿性粉剂300～500倍液浸根或栽植后灌根。种植后用50%多菌灵可湿性粉剂600～700倍液，或70%代森锰锌可湿性粉剂500倍液，或50%苯菌灵可湿性粉剂500倍液喷淋或浇灌，每隔15天防治1次，连续5～6次。

**6. 芽枯病（干腐病、立枯病）**

（1）**危害症状** 幼芽呈青枯状，叶片和萼片上形成褐色斑点，逐渐枯萎，叶柄和果柄基部变为黑褐色，叶片萎蔫下垂，急性发病时植株猝倒。基部感病时，在近地面部分出现褐斑、逐渐凹陷，并长出米黄色至淡褐色菌丝，有时能把几片叶缀连在一起。侵染叶柄基部和托叶时，病部干缩直立，叶片青枯倒垂。开花前感病，花序逐渐青枯萎蔫。新芽和花蕾感病后逐渐萎蔫，呈青枯状或猝倒，后变黑褐色枯死。茎基部和根部受害后皮层腐烂，地上部干枯容易拔起。果实感病后，表面产生暗褐色不规则斑块、僵硬，最终整个果实干腐。

（2）**发病规律**　病菌以菌丝体或菌核随病残体在土壤中越冬。以病苗、病土传播，栽植草莓苗遇有该菌侵染即可发病。病菌喜温暖潮湿环境，发病最适温度为 22℃～25℃，在整个草莓生育期均可发病。

（3）**防治方法**　①尽量避免在立枯病发生的地区进行育苗和栽植，否则必须进行土壤消毒。②适当稀植，合理浇水，保证通风，降低环境湿度。③保护地要适时通风换气，浇水后迅速通风，降低室内湿度。④及时拔除病株，严禁用病株作为母株繁殖草莓苗。⑤药剂防治。栽植前用 50% 多菌灵可湿性粉剂 500 倍液，或 50% 福美双可湿性粉剂 1 000 倍液浸苗 15～20 分钟，晾干后栽植。栽植后用 3.2% 甲霜·噁霉灵水剂 300 倍液，或 20% 甲基立枯磷乳油 1 200 倍液，或 36% 甲基硫菌灵悬浮剂 600 倍液喷施。棚室栽培时，每 667 米$^2$ 用 5% 百菌清粉尘剂 110～180 克，分放 5～6 处，傍晚点燃闭棚过夜，每 7 天熏 1 次，连熏 2～3 次。

### 7. 叶枯病

（1）**危害症状**　主要危害叶片，叶柄、花萼、果梗也会染病。发病初期，叶面上出现紫褐色没有光泽的小斑点，以后逐渐扩大成不规则形病斑。病斑多沿叶脉分布，发病重时整个叶面布满病斑，发病后期全叶呈黄褐色至暗褐色，最后枯死。叶柄和果柄感病后，病斑呈黑褐色，微凹陷，脆而易折。

（2）**发病规律**　病菌以子囊壳或分生孢子在病组织上越冬，春季释放出子囊壳或分生孢子，借风力传播。秋季和早春雨露较多的天气有利于侵染发病。

（3）**防治方法**　在春秋低温期喷 25% 多菌灵可湿性粉剂 300～400 倍液，或 70% 甲基硫菌灵可湿性粉剂 1 200 倍液，或 70% 代森锰锌可湿性粉剂 600 倍液，或 50% 苯菌灵可湿性粉剂 2 000 倍液，每 7～10 天喷施 1 次。

**8. 炭　疽　病**

（1）**危害症状**　匍匐茎、叶柄、叶片感病初期出现直径3～7毫米的黑色纺锤形或椭圆形溃疡状病斑，稍凹陷；当匍匐茎和叶柄上的病斑扩展成为环形圈时，病斑以上部分萎蔫枯死，湿度高时感病部位可见肉红色黏质孢子堆。该病除引起局部病斑外，还易导致感病品种尤其是草莓秧苗成片萎蔫枯死；当母株叶基和短缩茎部位发病，初始1～2片展开叶失水下垂，傍晚或阴天恢复正常，随着病情加重，则全株枯死。

（2）**发病规律**　病菌以分生孢子在发病组织或落地病残体中越冬。在田间分生孢子借助雨水、带菌的操作工具、病叶、病果等进行传播。病菌侵染最适温度为28℃～32℃、空气相对湿度在90%以上，是典型的高温高湿型病菌。

（3）**防治方法**　种植前用70%甲基硫菌灵可湿性粉剂500倍液浸苗15～20分钟，晾干后栽植。定植后用80%福·福锌可湿性粉剂700倍液，或50%硫黄·多菌灵悬浮剂500倍液，或25%溴菌腈可湿性粉剂500倍液，每隔7～10天喷1次，连喷2～3次。

**9. 蛇眼病（叶斑病）**

（1）**危害症状**　主要危害叶片，多在老叶上发生，叶柄、果梗、浆果也可受害。叶片感病初期，出现深紫红色的小圆斑，之后病斑逐渐扩大为直径2～5毫米的圆形或长圆形斑点，病斑中心灰色、周围紫褐色、呈蛇眼状。发病严重时，数个病斑融合连片成为大病斑，叶片枯死，并影响植株生长和芽的形成。果实感病时，种子单粒或连片受侵害，感病种子连同周围果肉变成黑色，丧失商品价值。

（2）**发病规律**　潮湿环境有利于病害发生，发病最适温度为18℃～22℃，低于7℃或高于23℃不利于发病。浙江及长江中下游草莓种植区，初夏和秋季光照不足、多阴雨天气，发病严重。

（3）**防治方法**　苗期喷 0.1%～0.2%磷酸二氢钾溶液。发病前或初期喷施 70%丙森锌可湿性粉剂 600～800 倍液，或 70%百菌清可湿性粉剂 600 倍液，或 77%噻菌铜可湿性粉剂 1 000 倍液，或 65%代森锌可湿性粉剂 600 倍液，每隔 7～10 天喷 1 次，连喷 2～3 次，采收前 3 天停止用药。

**10. 褐 斑 病**

（1）**危害症状**　主要危害叶片，感病初期出现红褐色小点，逐渐扩大呈圆形或近椭圆形，中央呈褐色圆斑，圆斑外为紫褐色，最外缘为紫红色，病健界限明显。后期病斑上可形成褐色小点，呈不规则轮状排列。几个病斑融合在一起后叶片枯死。

（2）**发病规律**　越冬病菌在翌年 6～7 月份产生孢子，借助雨水溅射传播。温暖多湿，特别是时晴时雨的天气易发病。

（3）**防治方法**　定植前用 70%甲基硫菌灵可湿性粉剂 500 倍液浸苗 15～20 分钟，晾干后种植。定植后用 2%多抗霉素水剂 200 倍液，或 70%甲基硫菌灵可湿性粉剂 800 倍液，或 40%硫黄·多菌灵悬浮剂 500 倍液喷雾，每隔 7～10 天喷 1 次，连喷 2～3 次。采收前 3 天停止用药。

**11. 枯 萎 病**

（1）**危害症状**　草莓枯萎病是一种土壤传播的真菌病害，在苗期和开花坐果至收获期发病。发病初期仅心叶变黄绿或黄色，有的卷缩或产生畸形叶，病株叶片失去光泽，生长衰弱，在 3 片小叶中往往有 1～2 片叶畸形或小叶化，且多发生在一侧，叶柄出现黑褐色长条状病斑，外围叶自叶缘开始变为黄褐色。严重时叶片下垂，变为淡褐色后枯黄，最后全株枯死。剖开根冠，可见叶柄、果梗维管束变成褐色至黑褐色。地下根系减少，细根变褐腐败。

（2）**发病规律**　病原菌在土中或未腐熟带菌肥料中越冬。病菌在病株分苗时传播蔓延，喜温暖潮湿环境，发病最适温度为 28℃～32℃，保护地栽培比露地栽培发病重，在连作田、低洼排水不良、时雨时晴或连阴雨后突然暴晴、偏施氮肥、地下害虫危害严重的地块易发病。

（3）**防治方法**　以综合防治和早预防、早控制为主。①选用抗病品种，从无病田选苗，种植无病苗。②栽苗前每 667 米$^2$用漂白粉 6 千克，随水渗入土壤中进行灭菌。③加强栽培管理，施用充分腐熟的有机肥，进行配方施肥，雨后及时排水。发现病株及时拔除并集中销毁，病穴用生石灰消毒。④栽苗时用 2.5% 咯菌腈悬浮剂 1 500 倍液，或 40% 敌磺钠可湿性粉剂 800 倍液浇定根药肥水，控制前期病害蔓延。⑤发病初期选用 75% 代森锰锌干悬浮剂 600 倍液，或 2.5% 咯菌腈悬浮剂 1 500 倍液，或 40% 敌磺钠可湿性粉剂 800 倍液，喷施秧苗及茎基部位，每 7～10 天 1 次，连续喷 3～4 次。

# 三、生理性病害及防治

## 1. 畸 形 果

（1）**表现症状**　果实过肥或过瘦，果面凹凸不平，果实奇形怪状。

（2）**发病原因**　主要原因是授粉受精不良，如开花授粉期因温度过低、湿度过大或土壤过干等，导致花器官发育不良、花粉生活力降低，影响正常的授粉受精；花期授粉昆虫少或阴雨低温等不良环境影响正常的授粉受精；花期使用杀螨剂等药剂导致雌蕊褐变，影响正常授粉；花粉形成期内光照不足，降低了花粉发芽率，影响受精。此外，偏施氮肥、缺硼等造成的植株营养生长与生殖生长失调也易导致畸形果发生。

（3）**防治方法**　①选用花粉量多、耐低温的品种。②调控适宜的温湿度，提高花粉生活力。设施栽培条件下，通过采取相应的保温措施确保花期温度在 5℃以上，如在寒流来临前草莓畦上再搭建小拱棚，大棚围裙外加盖草苫或旧农膜或双层遮阳网等保温材料；有条件的地方可在棚内安装电灯或电热线，增温效果更好。③进行人工授粉或蜜蜂授粉。在草莓开花期用毛笔进行人工授粉，或用吹风机或扇风的方法辅助授粉。也可在花期放蜂，利用蜜蜂授粉，其效果好于人工授粉，但温度过低或过高时，蜜蜂活动少。④配方施肥。做到有机肥与无机肥相结合，特别要配施适当比例的磷、钾肥，及时补充钙、硼等元素。施肥后及时浇水，保持田间土壤湿润，土壤相对含水量保持在70%～80%，防止土壤干旱。⑤草莓开花前要彻底进行一次病害防治，开花后及时拔除病株，摘除病叶、病花、病果，避开花期用药。如必须防治，可改用烟剂。⑥及时疏花疏果。疏除老叶、无效腋芽，摘除畸形幼果，改善植株光照条件，有利于养分集中供应，以提高单果重和果实品质。

**2. 高温日灼**

（1）**表现症状** 发生于中心嫩叶初展和未展开时，表现为叶缘急性干枯死亡，干死部分为褐色或黑褐色，叶片卷曲呈杯状或汤匙状。成龄叶片受害时，叶片失绿、凋萎，呈茶褐色干枯，枯死斑色泽均匀，轻者只有叶缘锯齿部位发生，重者大半叶片枯死。果实受害时，阳面部分组织失水灼伤，受害部位先是变白变软，后干瘪凹陷，失去商品价值。

（2）**发病原因** 对高温干旱敏感、叶片脆薄、果实皮薄且果肉含水量高的品种容易受害。根系不发达或根系发育较差的植株、经常喷施赤霉素阻碍了根系发育的植株，其嫩叶均容易受害。雨后骤晴、光照强烈，叶片蒸腾作用加速，容易受害。过量施肥、土壤干旱等导致植株体内严重缺水时容易受害。保护地栽培时，温度管理不当，出现极端高温时容易受害。

（3）**防治方法** ①选择对高温干旱不敏感的草莓品种。②选择土层深厚的田地栽种，适度中耕，促进根系生长，保证植株健壮。③采用滴灌，保持田间土壤湿润；科学施肥，不过量施肥，施肥后及时浇水。④夏季高温季节及时遮阴防晒，减少日灼。

**3. 冻　害**

（1）**表现症状**　草莓植株受冻后叶片干枯；柱头向上隆起干缩，花蕊变为黑褐色而死亡；幼果暗红色，干枯僵死；大果发硬变褐。

（2）**发病原因**　越冬时绿色叶片在 −8℃以下低温环境下会出现大量冻死，花蕾和开花期出现 −2℃低温，雌蕊和柱头发生冻害。越冬前降温过快容易导致叶片受冻。早春回温过快，植株萌动生长和抽蕾开花，此时如遇低温，即使气温不低于 0℃，花器官也容易受冻。

（3）**防治方法**　①晚秋控制肥水，防止植株出现徒长，入冬前浇封冻水，越冬及时覆盖防寒物。②早春不要过早撤除覆盖物以防晚霜危害，在寒流来临之前在植株上覆盖地膜等防寒物，或在果园熏烟。③保护地栽培可采取加温措施防止冻害发生。

**4. 生理性白化叶**

也称六月黄、短暂黄、条纹黄、严重条纹、白条纹和杂纹。

（1）**表现症状**　感病植株叶片出现不规则、大小不等的白色斑纹或斑块，叶片失绿，严重时花蕾、萼片也表现出失绿症状。由于叶片失绿，光合能力下降，植株矮小，越冬期间容易死亡。

（2）**发病原因**　据研究显示，草莓生理性白化与遗传有关，是由父系或母系传播到后代实生苗，不会通过嫁接、机械伤害或昆虫传播。

（3）**防治方法**　选用抗病品种，不用病株作为母株繁殖苗木，发现病株及时拔除。

# 四、虫害及防治

**1. 叶　螨**

（1）**危害特点**　俗称红蜘蛛、黄蜘蛛。危害草莓的叶螨有多种，其中最重要的有二斑叶螨、朱砂叶螨和截形叶螨等。以若螨和成螨在草莓叶片背面吸食汁液。受害叶片正面形成枯黄色失绿斑点，最后干枯脱落，严重影响草莓产量和质量。

（2）防治方法

①隔离措施　严格控制人员进出棚室，减少传播概率。棚室门前放消毒垫或撒白灰阻断人为传播；操作工具专棚专用，避免交叉传播。

②栽培措施　加强肥水管理，做到平衡施肥，培育健壮植株。及时摘除老叶、病虫叶，清理草莓园，清除杂草，消灭虫源；设施栽培时，增加室内通风透光性，降低红蜘蛛的发生概率。在抽生匍匐茎时注意浇水，避免干旱。

③生物防治　在红蜘蛛发生初期，利用捕食螨控制红蜘蛛的发生和蔓延。在释放捕食螨前尽量压低红蜘蛛的基数，可用99%矿物油200倍液+1.8%阿维菌素乳油2000倍液喷施防治，用药后5～10天，按照种群密度益害比1：30释放捕食螨，能较好控制红蜘蛛危害，并兼治粉虱和蓟马等害虫。

④化学防治　保护地栽培在开始保温之后是重点防治时期，可用75%炔螨特可湿性粉剂3000倍液，或1.8%阿维菌素乳油6000～8000倍液，或43%联苯肼酯悬浮剂3000～5000倍液喷施，每7天喷1次，连续喷2～3次，药剂交替使用。

**2. 蚜　虫**

（1）**危害特点**　蚜虫是草莓产区普遍发生的虫害之一，也是草莓病毒病的主要传播者。通常群集在新生茎、叶、芽、花蕾上，用口器刺吸植株汁液，虫口量大时，会造成叶片皱缩、卷曲，从而削弱植株长势，其分泌物会污染叶片和果实并引发煤污病。

（2）**防治方法**　①及时去除老叶，清理园地，消灭杂草、枯叶并集中烧毁或深埋，减少虫源。②黄板诱杀。利用蚜虫有趋黄性的特点，在早春有翅蚜迁飞高峰期，在棚室内挂黄板诱杀蚜虫，每667米$^2$挂30～40块。③驱避蚜虫。利用蚜虫忌避银灰色的特点，用银灰色薄膜铺于地面以避蚜虫，也可在棚室前沿和放风口安装防虫网阻隔蚜虫进入棚内。④化学防治。掌握在蚜虫点片发生时开始用药。可选择在阴天用10%异丙威烟剂熏大棚，每棚用量500～600克。也可喷施10%吡虫啉可湿性粉剂1 500倍液，或5%高效氯氰菊酯乳油3 000～4 000倍液＋10%吡虫啉可湿性粉剂2 000倍液。

**3. 盲　蝽**

**（1）危害特点**　危害草莓的主要是牧草盲蝽。成虫刺吸幼果顶部的种子汁液，形成空种子，致使果肉膨大受到影响而形成畸形果，影响草莓产量和品质。

**（2）防治方法**　清理园地，将杂草、落叶等集中烧毁或深埋，减少虫源。可喷施80%敌百虫可湿性粉剂800～1 000倍液，或2.5%高效氯氟氰菊酯乳油3 000～4 000倍液，每7～10天喷1次，连续喷2～3次。

**4. 金 龟 子**

**（1）危害特点**　俗称金克郎、铜克郎。分布较为普遍，蛴螬是其幼虫的通称，是危害地下部的害虫。金龟子种类较多，危害草莓的主要有苹毛丽金龟子、黑绒金龟子等。金龟子食性杂，幼虫在土壤中咬伤或咬断新茎或根，导致植株萎蔫死亡。成虫春季咬食花蕾、嫩叶，尤其喜好花朵，危害严重时可将整个花蕾、花朵吃光。

**（2）防治方法**　发现死苗时，立即在苗附近挖出金龟子幼虫消灭。金龟子成虫具有假死性，可人工振落捕杀。避免施用未腐熟的有机肥，减少成虫产卵。利用金龟子趋光性，在棚室内用黑光灯或点火堆诱杀。种植草莓前，用辛硫磷等农药处理土壤和有机肥。蛴螬危害严重的地块，可用50%辛硫磷乳油1 200倍液，或90%晶体敌百虫1 000倍液灌根。在成虫较为密集的地块，喷施10%吡虫啉可湿性粉剂1 500倍液，或2.5%溴氰菊酯乳油2 000～3 000倍液。

**5. 蛞蝓**

（1）**危害特点**　俗称鼻涕虫，主要危害成熟期草莓的浆果，果实被啃食成洞；也危害叶片，啃食后叶片呈网状。成虫在叶片或果实上爬行后留有银色黏液痕迹，导致浆果失去商品价值。蛞蝓喜好阴暗潮湿的环境，多生活在棚室湿度较大的地面、地膜下或叶片背面。

（2）**防治方法**　清洁园地，铲除杂草。地表面撒石灰或草木灰，蛞蝓爬过时会因身体失水而亡。也可每667米$^2$用8%四聚乙醛颗粒剂1.5～2千克，碾碎后拌细土或细砂5～7千克，于傍晚均匀撒入田间。

**6. 蝼蛄**

（1）**危害特点**　主要危害草莓苗生长，常常把土表层窜成许多隧道，架空子苗幼根，使子苗扎根困难，同时能咬断草莓茎基部和匍匐茎。

（2）**防治方法**　利用蝼蛄成虫的趋光性，用黑光灯诱杀。同时，蝼蛄喜欢在地表造虚土堆，可以顺着痕迹找到虫窝，人工捕杀成虫。还可用90%晶体敌百虫30倍液150毫升，拌入炒香的麦麸或豆饼5千克，傍晚撒在地面上诱杀成虫。

**7. 斜纹夜蛾**

（1）**危害特点**　每年可发生3～9代。以老熟幼虫在2厘米左右深表土内做茧越冬，成虫夜里迁飞，具有趋光性。三龄前幼虫吃叶肉；四龄时暴食，咬食叶片，只留叶柄，严重危害草莓植株生长。

（2）**防治方法**　以人工防治、物理防治、生物防治相结合为主，必要时采用药剂防治。利用成虫的趋光性和趋化性，用黑光灯、糖醋液等诱杀；根据卵块集中分布及初孵幼虫集中危害的特点，人工摘除产卵叶片和带初孵幼虫的叶片。斜纹夜蛾高龄幼虫耐药性较强，应掌握在低龄幼虫期施药。通常斜纹夜蛾第四代防治适期在8月下旬至9月上旬，第五代防治适期在9月底至10

月上旬，第六代防治适期在 11 月上旬，不同年份发生期有所差异，可根据卵孵高峰期、气温情况等推算防治适期。三龄前幼虫主要群集在叶片背面危害，此期喷药防治效果较好，可用 1.8% 阿维菌素乳油 2 000 倍液，或 5% 氟啶脲乳油 2 000 倍液喷施防治。错过防治适期、虫龄较大时，可喷施 5% 氯虫苯甲酰胺悬浮剂 1 500 倍液。斜纹夜蛾幼虫昼伏夜出，最好在傍晚施药。草莓开花期严禁用药，采果期尽量少用药，必须用药时选用安全间隔期短的药，并且用药后 4 天内不能采果。

# 第七章
# 草莓种植专家经验介绍

草莓栽培因地域、栽培时间、栽培模式不同，其栽培技术也有所不同，生产中应根据品种特性、栽培季节、生育期和栽培环境等因素而采取不同的栽培技术，以达到优质高产高效的目的。现将生产中一些草莓种植专家的成功经验进行总结，以供借鉴。

## 一、育苗经验

### 1. 建立专用苗圃，采用匍匐茎繁殖育苗

匍匐茎繁殖方法简单，能保持品种的遗传特性，伤口小，不易感染土传病害，繁殖系数高，进入结果期早，当年秋天即可定植，第二年就可结果。为了繁殖无毒壮苗，生产中应建立专用苗圃，每 667 米 $^2$ 苗圃可繁殖 5 万～6 万株壮苗。

### 2. 采用微喷灌

草莓幼苗根系浅，叶片蒸腾量大，育苗地一定要选择在有水源的地方，以保证土壤相对含水量保持在 60% 以上。微喷灌水滴细小均匀，在灌溉过程中泥土不会飞溅到草莓植株上，不会损伤植株，有利于减少病害发生。

### 3. 喷赤霉素调控植株

经多地试验表明，喷施赤霉素可促进草莓抽生匍匐茎，扩大繁殖系数。但要严格掌握赤霉素浓度，过高易导致母株徒长；

过低则效果不明显。具体方法：5～6月份选择多云、阴天或傍晚，将40～60毫克/千克赤霉素溶液喷于苗心，每株喷药液5～10毫升。

# 二、定植经验

### 1. 壮苗定植

草莓苗的好坏决定了产量的高低。目前，我国露地栽培草莓多采用匍匐茎苗，因其发生的早晚差异大，往往苗木不整齐，影响成活率和后期结果的一致性。因此，建议采用假植苗定植，以获得优质高产草莓。采用匍匐茎苗栽培时，应选用活力强、苗重25克左右、茎粗1厘米左右的第三至第六次苗为宜，第一、第二次的匍匐茎苗往往因老化程度高，定植后现蕾过早，冬季过早开花，影响产量；第六次以后的匍匐茎苗偏小，冬季储藏养分不足，翌年开花结果少，产量低，果实偏小。

### 2. 定植方法

草莓幼苗定植时要遵循"弓背向外、上不埋心、下不漏根"的原则。草莓弓背是其抽生花序的部位，弓背向外可以使草莓在垄的外侧开花结果，这样果实受光充足着色好，而且浇水时不容易浇到果实上，可减少果实病害发生。上不埋心应是以浇完定植水沉实后，苗心仍高于地面为准，栽植过深容易在浇水后造成苗心淤泥腐烂。下不漏根是为了促进侧生根的生长，提高成活率。

### 3. 提早定植

草莓促成栽培一般在9月中旬定植，12月中旬采收上市。为提早上市，可提早至8月底至9月初定植，11月中下旬即可采收上市。

### 4. 定植前熏棚

保护地栽培时，为了杀灭前茬生产中的病菌，预防和减少灰霉病、白粉病等病害发生，应在定植前15～20天提前扣棚增温并进行棚室消毒。建议安装硫黄熏蒸器，试验表明，每 667 米² 安装 8～10 台，可杀灭棚室内及土壤表面大量的病原菌，在减少用药 60% 的情况下，白粉病及灰霉病发生均较轻，防病效果提高 20% 左右。

**5. 培肥改土，防止连作障碍**

对于连续种植草莓超过 3 年的土地，在 7 月上旬结合增施有机肥进行改土，可防止发生连作障碍。具体做法：在充分施用有机肥的同时，第一年每 667 米² 施石灰氮 40 千克、第二年每 667 米² 施石灰氮 20 千克、第三年每 667 米² 施石灰氮 10 千克，深翻土壤后覆盖棚膜，利用太阳能高温消毒处理 30～40 天，杀灭土壤中的病虫害。还可在定植前结合整地施基肥，每 667 米² 施微生物菌肥 1～2 千克，与有机肥混匀后施入土壤；定植后每 667 米² 用 1 000 亿个活芽孢 / 克枯草芽孢杆菌可湿性粉剂 50～60 克，加水 30～60 升，或 10 亿个活芽孢 / 克枯草芽孢杆菌可湿性粉剂 600～800 倍液灌根，每株灌药液 150 毫升。

# 三、田间管理经验

**1. 应用膜下滴灌技术**

草莓设施栽培应用膜下滴灌技术，可有效降低湿度，提高地温 2℃～3℃，土壤疏松，有利于根系生长，有效减轻病害发生。在定植前结合整地，每个栽培行铺设一条滴灌管带，管带上面覆盖地膜。

**2. 日光温室促成栽培应注意增温保温**

草莓日光温室促成栽培的关键是温度调控，总的原则：外界温度较低需增加室内温度时，草苫晚揭早盖，通风口要小，通风时间要短；外界温度较高需降低室内温度时，草苫早揭晚盖，通风口要大，延长通风时间。具体增温保温措施：采用合理的温室结构和透光率高、长寿无滴薄膜；及时清洁薄膜；增加塑料薄膜的密闭性、减少缝隙放热；通过加盖纸被、棉被等覆盖物来减少热量损失；为防止室内出现过低温度，可在室内增设塑料小拱棚，上盖塑料薄膜，最好盖无纺布（既通气又保温），无纺布也可直接盖在植株上部。

**3. 合理调控棚室内的空气湿度**

日光温室内环境相对密闭，温度较高，植株蒸腾量较大，室内空气湿度高，但土壤很容易缺水。建议棚室内采用地膜覆盖栽培，这样一方面可减少浇水次数，防止地温降低；另一方面可避免空气湿度过大，以减少病害发生。通常在保温后进行2～3次中耕，以促进根系发育。在顶花芽现蕾时覆盖黑色地膜，地膜宽度应覆盖至沟底，铺膜后立即破膜提苗。

**4. 放蜂进行人工辅助授粉**

实践表明，采用蜜蜂传粉的温室草莓，坐果率显著提高，可增产30%～50%，畸形果率降低80%。一般在草莓开花前1周将蜂箱放入温室，以1株草莓1只蜜蜂的密度放蜂。蜜蜂生活最适温度为15℃～25℃，温度在5℃～35℃时蜜蜂就能出巢活动，但在温度长期低于10℃或高于30℃时，蜜蜂减少或停止出巢活动。所以，在冬季棚室内温度较低或连续雾霾及雨雪天室内光照不足时，建议使用熊蜂授粉。

熊蜂个体大，周身密布绒毛，易于黏附和携带大量花粉，且日工作时间长，能抵抗恶劣环境，对低温、低光密度适应性强，在室内温度超过8℃的阴雨天，熊蜂照样出巢访花。草莓开花初期，傍晚时将蜂箱放入温室，蜂箱应高于地面20～40厘米，第二天早晨打开巢门即可。一般每667米²棚室放1箱（50～80只）熊蜂，使用1.5～2个月后更新。授粉期间可通过观察进出巢的熊蜂数量判断其活动是否正常，晴天上午9～11时，如果20分钟内有8只以上熊蜂飞回蜂箱或飞出蜂箱，则表明熊蜂处于正常状态。对于不正常的蜂群，应及时更换。当熊蜂授粉时间超过2周以上时，箱内自带饲料基本耗尽，此时可将1：2的糖水倒入盘中，放在蜂箱附近饲喂熊蜂。注意要在盘中放入几根小木棍或几块石子，防止熊蜂采食时淹死，每2天换1次糖水。熊蜂授粉期间严禁喷施农药。

**5. 垫　果**

草莓植株矮小，坐果后果实下垂易接触地面，造成果实污染和感染病虫危害，也易造成果实着色不均，影响果实品质。建议对果实进行垫果处理，最好使用地膜垫果，也可在现蕾后用切碎的稻草或麦秸垫果。果实采收后要及时撤除垫果材料，以利于中耕施肥等田间管理。

**6. 加强采果后管理**

草莓果实采收后，植株进入全年营养生长的第二个高峰期，匍匐茎大量发生、新茎分枝生长加快、新幼株形成。之后，随着气温升高生长减缓，入秋前后转入生殖生长阶段，开始花芽分化。在此期间，加强田间管理，有利于提高草莓第二年产量和品质。建议从以下几方面加强管理：一是清除匍匐茎。在繁殖圃里，为减少养分消耗，提高子苗质量，要把母株后期发生的匍匐茎清除，还要将过早形成的匍匐茎苗和延伸的匍匐茎摘除。在生产园里，为集中养分供给母株，促进母株花芽分化，在采果后至9月上旬的匍匐茎发生旺期，每隔20天左右摘除1次匍匐茎，连摘3～4次。同时，在浆果采收后，割除部分老叶，只留植株上刚显露的2～3片幼叶。二是适时浇水防灾，及时清沟沥水，保持地面干爽。三是中耕培土，培土厚度以露出苗心为宜。四是加强病虫害防治，主要病虫害有红蜘蛛、叶斑病、灰霉病等，病害要及时喷施200倍波尔多液或多菌灵等药剂防治，虫害可用甲氰菊酯等杀虫剂防治。

**7. 预防草莓畸形果发生**

草莓设施栽培过程中，室温过低容易造成畸形果。研究表明，草莓开花结果期最低温度不能低于5℃，如果温度在5℃以下会严重影响草莓的生长和授粉受精，易导致畸形果的出现，对产量和品质影响很大。为减少畸形果的发生，提高果实品质，建议寒流来临前在草莓畦上搭建小拱棚架，上面覆盖宽 90～100 厘米的地膜，或在大棚围裙外加盖草苫或旧农膜或双层遮阳网等保温材料，或在棚内安装电灯或电热线。通过采用以上措施，可确保室内温度在 5℃ 以上。

## 四、采收经验

设施栽培草莓果实以鲜食为主，应待果面 70% 以上呈现红色时采收，冬季和早春温度低，应在八九成熟时采收；早春过后温度逐渐回升，采收期可适当提前。最好选择在上午 8～10 时或下午 4～6 时采摘，不摘露水果和晒热果。采摘时要轻摘、轻拿、轻放，不要损伤花萼。草莓果正确的采收方法是用拇指和食指的指甲切断果柄，随即摘下，采下的果实果柄越短越好。

## 五、病虫害防治经验

草莓病虫害防治要坚持预防为主、综合防治的原则，以农业防治为主。主要通过采用脱毒壮苗、高垄栽培、地膜覆盖、水旱轮作及避免干旱和高温等措施预防病果、烂果的发生；田间发现病叶、病果及时清除出园，集中销毁，减少病原。提倡生物防治，利用天敌控制虫害，综合利用生物防治和物理防治，科学使用化学防治技术，选用高效生物制剂和低毒化学农药，避开花期和采果期用药。

## 附　录

# NY 5105—2002 无公害食品
# 草莓生产技术规程

### 1. 范围

本标准规定了无公害食品草莓的生产技术。

本标准适用于无公害食品草莓的生产。

### 2. 规范性引用文件

下列文件中的条款通过本标准的引用而成为本标准的条款。凡是注日期的引用文件，其随后所有的修改单（不包括勘误的内容）或修订版均不适用于本标准，然而，鼓励根据本标准达成协议的各方研究是否可使用这些文件的最新版本。凡是不注日期的引用文件，其最新版本适用于本标准。

GB 4285　农药安全使用标准

GB/T 8321（所有部分）农药合理使用准则

NY/T 444—2001　草莓

NY/T 496—2002　肥料合理使用准则　通则

NY 5104　无公害食品　草莓产地环境条件

中华人民共和国农业部公告　第 194 号（2002 年 4 月 22 日）

中华人民共和国农业部公告　第 199 号（2002 年 5 月 24 日）

### 3. 要求

3.1　产地环境

3.1.1　产地环境质量

无公害草莓生产的产地环境条件应符合 NY 5104 的规定。

3.1.2　土壤条件

土层较深厚，质地为壤质，结构疏松，微酸性或中性土壤，有机质含量在 15 克 / 千克以上，排灌方便。

3.2　施肥原则及允许使用的肥料

3.2.1　施肥原则

按 NY/T 496 — 2002 规定执行。使用的肥料应是在农业行政主管部门已经登记或免于登记的肥料。限制使用含氯复合肥。

3.2.2　允许使用的肥料种类

3.2.2.1　有机肥料

包括堆肥、沤肥、厩肥、沼气肥、绿肥、作物秸秆肥、泥炭肥、饼肥、腐殖酸类肥、人畜废弃物加工而成的肥料等。

3.2.2.2　微生物肥料

包括微生物制剂和微生物处理肥料等。

3.2.2.3　化肥

包括氮肥、磷肥、钾肥、硫肥、钙肥、镁肥及复合（混）肥等。

3.2.2.4　叶面肥

包括大量元素类、微量元素类、氨基酸类、腐殖酸类肥料。

3.3　栽培方式

草莓栽培分为设施栽培和露地栽培两大类。我国草莓设施栽培的主要类型有日光温室促成栽培、塑料大棚促成栽培、日光温室半促成栽培、塑料大棚半促成栽培及塑料拱棚早熟栽培。

3.4　品种选择

促成栽培选择休眠浅的品种，半促成栽培选择休眠较深或休眠深的品种。北方露地栽培选择休眠深或较深的品种，南方露地栽培选择休眠浅或较浅的品种。品种选择时还应考虑品种的抗性、品质等性状。

3.5　育苗

3.5.1　母株选择

选择品种纯正、健壮、无病虫害的植株作为繁殖生产用苗的母株，建议使用脱毒苗。

3.5.2　母株定植

3.5.2.1　定植时间

春季日平均温度达到10℃以上时定植母株。

3.5.2.2　苗床准备

每 667 米$^2$施腐熟有机肥 5 000 千克，耕匀耙细后做成宽 1.2～1.5 米的平畦或高畦。

3.5.2.3　定植方式

将母株单行定植在畦中间，株距 50～80 厘米。植株栽植的合理深度是苗心茎部与地面平齐，做到深不埋心，浅不露根。

3.5.3　苗期管理

定植后要保证充足的水分供应。为促使早抽生、多抽生匍匐茎，在母株成活后可喷施 1 次赤霉素（GA$_3$），浓度为 50 毫克/升。匍匐茎发生后，将匍匐茎在母株四周均匀摆布，并在生苗的节位上培土压蔓，促进子苗生根。整个生长期要及时人工除草，见到花序立即去除。

3.5.4　假植育苗

3.5.4.1　假植育苗方式

草莓假植育苗有营养钵假植和苗床假植两种方式，在促进花芽提早分化方面，营养钵假植育苗优于苗床假植育苗。

建议促成栽培和半促成栽培采用假植育苗方式。

3.5.4.2　营养钵假植育苗

3.5.4.2.1　营养钵假植

在 6 月中旬至 7 月中下旬，选取 2 叶 1 心以上的匍匐茎子苗，栽入直径 10 厘米或 12 厘米的塑料营养钵中。育苗土为无病虫害的肥沃表土，加入一定比例的有机物料，以保持土质疏松。

适宜的有机物料主要有草炭、山皮土、炭化稻壳、腐叶、腐熟秸秆等，可因地制宜，取其中之一。另外，育苗土中加入优质腐熟农家肥 20 千克 / 米$^3$。将栽好苗的营养钵排列在架子上或苗床上，株距 15 厘米。

### 3.5.4.2.2 假植苗管理

栽植后浇透水，第一周必须遮阴，定时喷水以保持湿润。栽植 10 天后叶面喷施 1 次 0.2% 尿素溶液，每隔 10 天喷施 1 次磷钾肥。及时摘除抽生的匍匐茎和枯叶、病叶，并进行病虫害综合防治。后期，苗床上的营养钵苗要通过转钵断根。

### 3.5.4.3 苗床假植育苗

### 3.5.4.3.1 苗床假植

苗床宽 1.2 米，每 667 米$^2$ 施腐熟有机肥 3 000 千克，并加入一定比例的有机物料。在 6 月下旬至 7 月中下旬选择具有 3 片展开叶的匍匐茎苗进行栽植，株行距 15 厘米 × 15 厘米。

### 3.5.4.3.2 假植苗管理

适当遮阴。栽后立即浇透水，并在 3 天内每天喷 2 次水，以后见干浇水以保持土壤湿润。栽植 10 天后叶面喷施 1 次 0.2% 尿素溶液，每隔 10 天喷施 1 次磷钾肥。及时摘除抽生的匍匐茎和枯叶、病叶，并进行病虫害综合防治。8 月下旬至 9 月初进行断根处理。

### 3.5.5 壮苗标准

具有 4 片以上展开叶，根茎粗度 1.2 厘米以上，根系发达，苗重 20 克以上，顶花芽分化完成，无病虫害。

### 3.6 生产苗定植

### 3.6.1 土壤消毒

采用太阳热消毒的方式。具体的操作方法：将基肥中的农家肥施入土壤，深翻，浇透水，土壤表面覆盖地膜或旧棚膜。为了提高消毒效果，建议棚室土壤消毒在覆盖地膜或旧棚膜的同时扣棚膜，密封棚室。土壤太阳热消毒在 7～8 月份进行，时间至少为 40 天。

### 3.6.2　定植时期

假植苗在顶花芽分化后定植，通常是在 9 月 20 日前后定植。对于非假植苗，北方棚室栽培在 8 月下旬至 9 月初定植，南方大棚栽培在 9 月中旬至 10 月初定植，北方露地栽培在 8 月上中旬定植，南方露地栽培在 10 月中旬定植。四季品种在 8 月上中旬定植。

### 3.6.3　栽植方式

采用大垄双行的栽植方式，一般垄台高 30～40 厘米，上宽50～60 厘米，下宽 70～80 厘米，垄沟宽 20 厘米。株距 15～18厘米，小行距 25～35 厘米。棚室栽培每 667 米$^2$定植 7 000～9 000 株，露地栽培每 667 米$^2$定植 8 000～10 000 株。

## 3.7　栽培管理

### 3.7.1　促成栽培管理技术

#### 3.7.1.1　保温

##### 3.7.1.1.1　棚膜覆盖

北方日光温室覆盖棚膜是在外界最低气温降到 8℃～10℃的时候，南方塑料大棚覆盖棚膜是在平均温度降到 17℃的时候。温度低时在大棚内搭小拱棚保温。

##### 3.7.1.1.2　地膜覆盖

顶花芽显蕾时覆盖黑色地膜。盖膜后，立即破膜提苗。

#### 3.7.1.2　棚室内温湿度调节

##### 3.7.1.2.1　温度调节

显蕾前：白天 26℃～28℃，夜间 15℃～18℃。

显蕾期：白天 25℃～28℃，夜间 8℃～12℃。

花期：白天 22℃～25℃，夜间 8℃～10℃。

果实膨大期和成熟期：白天 20℃～25℃，夜间 5℃～10℃。

##### 3.7.1.2.2　湿度调节

整个生长期都要尽可能降低棚室内的湿度。开花期，白天空气相对湿度保持在 50%～60%。

3.7.1.3　肥水管理

3.7.1.3.1　灌溉

采用膜下灌溉方式，最好采用膜下滴灌。定植时浇透水，一周内要勤浇水，覆盖地膜后以"湿而不涝，干而不旱"为原则。

3.7.1.3.2　施肥

基肥：每 667 米$^2$ 施农家肥 5 000 千克及氮磷钾复合肥 50 千克，氮、磷、钾的比例以 15∶15∶10 为宜。

追肥：每一次追肥，顶花序显蕾时；第二次追肥，顶花序果开始膨大时；第三次追肥，顶花序果采收前期；第四次追肥，顶花序果采收后期；以后每隔 15～20 天追肥 1 次。追肥与浇水结合进行。肥料中氮、磷、钾配合，液肥浓度以 0.2%～0.4% 为宜。

3.7.1.4　赤霉素（GA$_3$）处理

对于休眠深草莓品种，为了防止植株休眠，在保温 1 周后往苗心处喷 GA$_3$，浓度为 5～10 毫克/升，每株喷约 5 毫升。

3.7.1.5　植株管理

摘叶和除匍匐茎：在整个发育过程中，应及时摘除匍匐茎和黄叶、枯叶、病叶。

掰芽：在顶花序抽出后，选留 1～2 个方位好而壮的腋芽保留，其余掰掉。

掰花茎：结果后的花序要及时去掉。

疏花疏果：花序上高级次的无效花、无效果要及早疏除，每个花序保留 7～12 个果实。

3.7.1.6　放养蜜蜂

花前 1 周在棚室中放入 1～2 箱蜜蜂，蜜蜂数量以 1 株草莓 1 只蜜蜂为宜。

3.7.1.7　二氧化碳气体施肥

二氧化碳气体施肥在冬季晴天的午前进行，施放时间 2～3 小时，浓度 700～1 000 毫克/升。

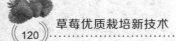

3.7.1.8　电灯补光

为了延长日照时数，保持草莓植株的生长势，建议采用电灯补光。每 667 米$^2$ 安装 100 瓦白炽灯泡 40～50 个，12 月上旬至 1 月下旬期间，每天在日落后补光 3～4 小时。

3.7.2　北方日光温室和南方塑料大棚半促成栽培管理技术

3.7.2.1　保温

南方塑料大棚半促成栽培在 1 月上中旬以后开始覆盖棚膜保温。北方日光温室半促成栽培在 12 月中旬至 1 月上旬开始保温。

3.7.2.2　棚室内温湿度调节

同 3.7.1.2。

3.7.2.3　肥水管理

3.7.2.3.1　灌溉

对于南方塑料大棚半促成栽培，定植后及时浇水，扣棚前浇透水，扣棚后膜下灌溉；对于北方日光温室半促成栽培，定植后及时浇水，上冻前浇封冻水。保温后的浇水总体上做到"湿而不涝，干而不旱"。

3.7.2.3.2　施肥

基肥：每 667 米$^2$ 施农家肥 5 000 千克及三元复合肥 50 千克，氮、磷、钾的比例以 15：15：10 为宜。

追肥：第一次追肥，顶花序显蕾时；第二次追肥，顶花序果开始膨大时；第三次追肥，顶花序果采收后期；第四次追肥，第一腋花序果开始膨大时。追肥与浇水结合进行。肥料中氮、磷、钾配合，液肥浓度以 0.2%～0.4% 为宜。

3.7.2.4　赤霉素（GA$_3$）处理

为了促进草莓植株结束休眠，可以在保温后植株开始生长时往苗心处喷 GA$_3$，浓度为 5～10 毫克 / 升，每株喷约 5 毫升。

3.7.2.5　植株管理

同 3.7.1.5。

**3.7.2.6　放养蜜蜂**

同 3.7.1.6。

**3.7.3　塑料拱棚早熟栽培管理技术**

**3.7.3.1　越冬防寒**

北方拱棚早熟栽培在土壤封冻前扣棚膜，土壤完全封冻时在草莓植株上面覆盖地膜并在地膜上覆盖 10 厘米厚的稻草。

**3.7.3.2　保温**

南方拱棚栽培在 2 月中旬开始保温；北方拱棚栽培在 3 月上中旬开始保温，植株开始生长后破膜提苗。

**3.7.3.3　肥水管理**

**3.7.3.3.1　灌溉**

定植后及时浇水，上冻前浇封冻水，保温后植株开始发新叶时浇 1 次水。开花前，控制浇水；开花后，通过小水勤浇，保持土壤湿润。

**3.7.3.3.2　施肥**

基肥：每 667 米$^2$ 施农家肥 3 000～5 000 千克及氮磷钾复合肥 50 千克，氮、磷、钾的比例以 15：15：10 为宜。

追肥：第一次追肥，顶花序显蕾时；第二次追肥，顶花序果开始膨大时。追肥与浇水结合进行。肥料中氮、磷肥配合，液肥浓度以 0.2%～0.4% 为宜。

**3.7.3.4　植株管理**

同 3.7.1.5。

**3.7.4　露地栽培管理技术**

**3.7.4.1　越冬防寒**

北方地区，在温度降到 -5℃前浇 1 次防冻水，1 周后往草莓植株上覆盖一层塑料地膜，地膜上再压上稻草、秸秆或草等覆盖物，厚度 10～12 厘米。

**3.7.4.2　去除防寒物**

北方地区，当春季平均温度稳定在 0℃左右时，分批去除已

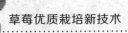
经解冻的覆盖物。当地温稳定在2℃以上时，去除其他所有的防寒物。

### 3.7.4.3 植株管理

春季草莓植株萌发后，破膜提苗。及时摘除病叶、植株下部呈水平状态的老叶、黄化叶及匍匐茎。开花坐果期摘除偏弱的花序，保留2～3个健壮的花序。花序上高级次的无效花、无效果要及早疏除，每个花序保留7～12个果实。

### 3.7.4.4 肥水管理

### 3.7.4.4.1 灌溉

除了结合施肥灌溉外，在植株旺盛生长期、果实膨大期等重要生育期都需要进行灌溉。建议采用微喷设施。

### 3.7.4.4.2 施肥

基肥：每667米$^2$施农家肥3 000～5 000千克及氮磷钾复合肥50千克，氮、磷、钾的比例以15∶15∶10为宜。

追肥：开花前追施尿素10～15千克/667米$^2$，花后追施磷钾复合肥，果实膨大期追施磷钾复合肥20千克/667米$^2$。

## 3.8 病虫害防治

### 3.8.1 主要病虫害

### 3.8.1.1 主要病害包括白粉病、灰霉病、病毒病、芽枯病、炭疽病、根腐病和芽线虫。

### 3.8.1.2 主要虫害包括螨类、蚜虫、白粉虱。

### 3.8.2 防治原则

应以农业防治、物理防治、生物防治和生态防治为主，科学使用化学防治技术。

### 3.8.3 农业防治

### 3.8.3.1 选用抗病虫品种

选用抗病虫性强的品种是经济、有效的防治病虫害的措施。

### 3.8.3.2 使用脱毒种苗

使用脱毒种苗是防治草莓病毒病的基础。此外，使用脱毒原种苗可以有效防止线虫危害发生。

3.8.3.3 栽培管理及生态措施

发现病株、叶、果，及时清除烧毁或深埋；收获后深耕 40 厘米，借助自然条件，如低温、太阳紫外线等，杀死一部分土传病菌；深耕后利用太阳热进行土壤消毒；合理轮作。

3.8.4 物理防治

3.8.4.1 黄板诱杀白粉虱和蚜虫

在 100 厘米×20 厘米的纸板上涂黄漆，上涂一层机油，每 667 米$^2$挂 30～40 块，挂在行间。当板上粘满白粉虱和蚜虫时，再涂一层机油。

3.8.4.2 阻隔防蚜

在棚室通风口处设防止蚜虫进入的防虫网。

3.8.4.3 驱避蚜虫

在棚室通风口处挂银灰色地膜条驱避蚜虫。

3.8.5 生物防治

扣棚后当白粉虱成虫在 0.2 头/株以下时，每 5 天释放丽蚜小蜂成虫 3 头/株，共释放 3 次丽蚜小蜂，可有效控制白粉虱危害。

3.8.6 生态防治

开花和果实生长期，加大放风量，将棚内湿度降至 50% 以下。将棚室温度提高到 35℃，闷棚 2 小时，然后通风降温，连续闷棚 2～3 次，可防治灰霉病。

3.8.7 药剂防治

禁止使用高毒、高残留农药，有限度地使用部分有机合成农药。禁止使用农药的种类见附录 A。所有使用的农药均应在农业部注册登记。农药安全使用标准和农药合理使用准则参照 GB 4285 和 GB/T 8321（所有部分）执行。保护地优先采用烟熏法、粉尘法，在干燥晴朗天气可喷雾防治，如果是在采果期，应先采果后喷药，同时注意交替用药，合理混用。

### 3.9　果实采收

#### 3.9.1　果实采收标准

果实表面着色达到70%以上。

#### 3.9.2　采收前准备

果实采收前要做好采收、包装准备。采收用的容器要浅，底部要平，内壁光滑，内垫海绵或其他软的衬垫物。

#### 3.9.3　采收时间

根据草莓果实的成熟期决定采收时间。采收在清晨露水已干至中午或傍晚转凉后进行。

#### 3.9.4　采收操作技术

采收时用拇指和食指掐断果柄，将果实按大小分级摆放于容器内，采摘的果实要求果柄短，不损伤花萼，无机械损伤，无病虫危害。果实分级按 NY/T 444—2001 中 5.1 所述的草莓感官品质标准执行。

# 参考文献

［1］陈贵林. 大棚日光温室草莓栽培技术［M］. 北京：金盾出版社，2009.

［2］邓明琴，雷家军. 中国果树志（草莓卷）［M］. 北京：中国林业出版社，2005.

［3］董清华. 草莓栽培技术问答［M］. 北京：中国农业出版社，2008.

［4］方海峰. 幸香草莓的品种特性及丰产栽培［J］. 中国林副特产，2010，6（109）：53.

［5］高凤娟. 现代草莓生产新技术［M］. 北京：中国农业科技出版社，1999.

［6］郝保春. 草莓生产技术大全［M］. 北京：中国农业出版社，2001.

［7］姜冬，卫茂荣，张丽萍，等. 草莓新品种——枥乙女［J］. 辽宁林业科技，2002，2：20-21.

［8］姜慧燕，王淑珍，张乐，等. 草莓新品种红颊的营养品质及抗氧化性探讨［J］. 浙江农业科学，2013（12）：1596-1598.

［9］蒋桂华，吴身敏. 草莓全程标准化操作手册［M］. 杭州：浙江科技出版社，2013.

［10］李富恒，王艳. 草莓无土栽培营养液的配制及管理［J］. 农业系统科学与综合研究，2001，17（3）：210-211.

［11］李根儿. 赤霉素在草莓上的应用［J］. 现代园艺，2011（2）：55-56.

［12］林翔鹰，邵晓霞，王敏. 草莓无公害高产栽培技术［M］. 北京：化学工业出版社，2011.

［13］马华升，孙晓法. 鲜食草莓设施生态栽培技术［M］. 北京：中国农业出版社，2015.

［14］苗晓雨，刘海亮，王德亮. 日光温室草莓栽培技术［J］. 内蒙古农业科技，2010（6）：129.

［15］乔荣，钟霈霖，王天文. 草莓新品种章姬的品种特性及主要栽培技术［J］. 种子，2003，3（129）：90-91.

［16］秦旭. 草莓［M］. 北京：中国农业出版社，2006.

［17］唐梁楠，杨秀瑗. 草莓优质高产新技术［M］. 北京：金盾出版社，2013.

［18］王娟. 草莓大果品种童子1号特性及丰产栽培技术［J］. 黑龙江农业科学，2008（3）：149-150.

［19］杨雷，杨莉. 草莓高效栽培［M］. 北京：机械工业出版社，2015.

［20］杨莉，李莉，杨雷，等. 草莓新品种'石莓6号'［J］. 园艺学报，2009，36（4）：618.

［21］张志恒，王强. 草莓安全生产技术手册［M］. 北京：中国农业出版社，2008.

［22］赵密珍. 草莓［M］. 北京：科学技术文献出版社，2005.

［23］周晏起，卜庆雁. 草莓优质高效生产技术［M］. 北京：化学工业出版社，2012.